U0240254

园林苗圃 第4版

YUANLIN MIAOPU

主　编　郭淑英
副主编　马书燕　王　强　代彦满
　　　　张变莉　高玉艳　马金贵
主　审　杨玉贵

重庆大学出版社

内 容 提 要

本书是高等职业教育园林类专业系列教材之一,包括园林苗圃的建立、园林苗木培育、现代园林苗圃经营管理三大知识模块,主要内容包括园林苗圃的建立、园林苗木的种实生产、播种苗培育技术、营养繁殖育苗技术、园林苗圃育苗新技术、园林植物大苗培育技术、商品苗出圃、园林苗圃生产经营策略、现代园林苗圃经营管理、园林苗木的市场营销等。本书配有电子教案、书后习题答案,可在重庆大学出版社教学资源网上下载。书中含 28 个二维码,可扫码学习。

本书注重实用,图文并茂,在编写内容上,围绕培养目标,紧密结合育苗工职业技术岗位标准要求,注重与育苗工考级标准相结合。适用于大、中专院校园林类专业和相近专业的教学及园林苗圃技术人员学习参考。

图书在版编目(CIP)数据

园林苗圃／郭淑英主编. -- 4 版. -- 重庆：重庆
大学出版社，2023.1
高等职业教育园林类专业系列教材
ISBN 978-7-5624-8849-1

Ⅰ. ①园… Ⅱ. ①郭… Ⅲ. ①园林—苗圃学—高等职
业教育—教材 Ⅳ. ①S723

中国版本图书馆 CIP 数据核字(2022)第 140586 号

园林苗圃
(第 4 版)

主　编　郭淑英
副主编　马书燕　王　强　代彦满
　　　　张变莉　高玉艳　马金贵
主　审　杨玉贵

责任编辑：何　明　版式设计：莫　西　何　明
责任校对：邹　忌　责任印制：赵　晟

＊

重庆大学出版社出版发行
出版人：饶帮华
社址：重庆市沙坪坝区大学城西路 21 号
邮编：401331
电话：(023) 88617190　88617185(中小学)
传真：(023) 88617186　88617166
网址：http://www.cqup.com.cn
邮箱：fxk@ cqup.com.cn (营销中心)
全国新华书店经销
重庆长虹印务有限公司印刷

＊

开本：787mm×1092mm　1/16　印张：12.75　字数：320 千
2010 年 2 月第 1 版　2023 年 1 月第 4 版　2023 年 1 月第 5 次印刷
印数：8 049—11 048
ISBN 978-7-5624-8849-1　定价：39.00 元

编委会名单

主　任　江世宏

副主任　刘福智

编　委（按姓氏笔画为序）

卫　东	方大凤	王友国	王　强	宁妍妍
邓建平	代彦满	闫　妍	刘志然	刘　骏
刘　磊	朱明德	庄夏珍	宋　丹	吴业东
何会流	余　俊	陈力洲	陈大军	陈世昌
陈　宇	张少艾	张建林	张树宝	李　军
李　璟	李淑芹	陆柏松	肖雍琴	杨云霄
杨易昆	孟庆英	林墨飞	段明革	周初梅
周俊华	祝建华	赵静夫	赵九洲	段晓鹃
贾东坡	唐　建	唐祥宁	秦　琴	徐德秀
郭淑英	高玉艳	陶良如	黄红艳	黄　晖
彭章华	董　斌	鲁朝辉	曾端香	廖伟平
谭明权	潘冬梅			

编写人员名单

主　编　郭淑英　唐山职业技术学院

副主编　马书燕　唐山职业技术学院

　　　　王　强　重庆三峡职业学院

　　　　代彦满　三门峡职业技术学院

　　　　张变莉　河南农业职业学院

　　　　高玉艳　黑龙江农垦科技职业学院

　　　　马金贵　唐山职业技术学院

参　编　孙美玲　黑龙江农业工程职业学院

　　　　曾　洪　内江职业技术学院

　　　　胡雁春　内江职业技术学院

主　审　杨玉贵　黑龙江农垦科技职业学院

前　言

　　《园林苗圃》课程是高职园林类专业的主干课程,课程的主要任务是为园林苗木的培育提供科学理论依据和先进技术,使理论与实际应用相结合,培育技术与经营管理相结合,以便持续地为城市园林绿化提供品种丰富、品质优良的绿化苗木。通过课程的学习使学生全面掌握园林苗木的繁殖手段和技能、园林苗圃经营管理理念,并在教学和生产中熟练应用各种技术,具备现代苗圃生产经营意识和苗木营销技能。根据上述的任务和目标,本教材的编写结合生产实际,以应用型人才培养为目标,力求做到理论与实际相结合、科学性与实用性相结合。教材共设园林苗圃的建立、园林苗木培育、现代园林苗圃经营管理三大知识模块,主要内容包括园林苗圃的建立、园林苗木的种实生产、播种苗培育技术、营养繁殖育苗技术、园林苗圃育苗新技术、园林植物大苗培育技术、商品苗出圃、园林苗圃生产经营策略、现代园林苗圃经营管理、园林苗木的市场营销等。本教材具有以下特点:

　　(1)在编写过程中打破了以往《园林苗圃》教材的编写格局,调整了有关章节,从园林生产实际出发,构建了园林苗圃的建立、园林苗木培育、现代园林苗圃经营管理三大知识体系。

　　(2)关注园林苗圃的热点问题,与时俱进,结合现代苗圃生产经营特点,增加了现代苗圃的经营管理和苗木的市场营销等内容,这些内容在以往的教材中很少涉及,目的是培养学生现代苗圃生产经营意识和苗木营销技能。

　　(3)重点、难点突出,通俗易懂,既利于教学又利于学生兴趣的提高。

　　(4)各章后附有本章小结、知识要点、学习目标、复习思考题等部分,符合高职教育特色,适合高职院校师生教与学。

　　(5)在编写内容上,围绕培养目标,紧密结合育苗工职业技术岗位标准要求,注重与育苗工考级标准相结合。

　　(6)为了方便教师授课,教材还配有相应的教学课件、复习思考题答案(可在重庆大学出版社教学资源网上下载)。

　　根据各学校的教学情况,对教材进行了修订完善,主要从以下几个方面进行了修订:

　　(1)在每个教学单元设计上,修订版增加了每个单元的"知识要点"介绍,并列出了单元"学习目标",使学生在学习的时候,有针对性,学习目的更加明确。

　　(2)在每章的环节设计方面,结合高级育苗工技能要求,增加了复习思考题这个环节,以便使同学们在学习完一章后,能进行自我测试,检查学习效果,进一步加强知识点的领会和掌握,使教学内容与技能要求互融。

　　(3)从实践教学看,为了使学生技能学习更加规范,对实际操作部分的内容进行了修订,使实训部分内容更加与生产实际接轨。

(4)增加了28个视频,可扫书中二维码学习。

本教材由郭淑英担任主编,负责全书的统稿工作。马金贵、张变莉、马书燕、王强、高玉艳、代彦满任副主编,孙美玲、曾洪、胡雁春参编。具体编写分工如下:

第1章、第9章、第12章,郭淑英;第2章,马金贵;第3章、第8章,王强、曾洪、马金贵;第4章、第11章,王强、张变莉、孙美玲;第5章,马书燕、胡雁春;第6章、第7章,高玉艳、马金贵、马书燕;第10章、各章实训,代彦满。

黑龙江农垦林业职业技术学院杨玉贵教授对本书提出了许多宝贵建议并担任本书主审。本书在编写过程中得到编者所在院校的大力支持,在修订过程中,得到了唐山职业技术学院、唐山市园林管理局的大力支持。本书编写过程中,参考了有关单位和学者的文献资料,在此一并致以衷心的感谢。

由于编者水平有限,教材中难免存在缺点和错误,恳请读者批评指正。

编　者

2022 年 11 月

目 录

第 3 篇　现代园林苗圃经营管理

第1篇
园林苗圃的建立

1 绪 论

绪论

【知识要点】

本章主要介绍了园林苗圃概念和园林苗圃的种类,并对园林苗木生产现状及发展趋势进行了分析。

【学习目标】

1.理解园林苗圃的概念,了解园林苗圃的主要种类;
2.能联系当地实际分析当地园林苗圃的现状及存在的问题,并能指出解决方法。

城市园林绿化是我国社会主义城市建设的重要组成部分,是城市物质文明和精神文明的标志之一。用园林植物装饰城市,不仅给人们以美的感受,还能调节气候,防风除尘,净化空气,减少污染,创造良好的生产、生活环境,增进人民的健康,提高工作效率。因此,栽种绿化、美化园林植物,搞好园林绿化不仅是一种美化环境的艺术,而且是现代化城市中调节和改善生态环境的有效手段,是人们物质、文化生活中不可缺少的内容。随着我国社会和经济的迅速发展,人民生活水平显著提高,对城乡绿化、环境建设也提出了更新、更高的要求,而园林苗木是城乡绿化、美化的主要材料,是园林建设的根本物质基础。

1.1 园林苗圃的特点

1.1.1 园林苗圃的概念和任务

1)园林苗圃的概念

从传统意义上讲,园林苗圃是为了满足城镇园林绿化建设的需要,专门繁殖和培育园林苗木的场所。现代园林绿化建设很讲究植物造景,提倡花、草、树结合,要求乔木、花灌木、草坪及地被植物按比例合理搭配。因此,从广义上讲,园林苗圃是生产各种园林绿化植物材料的重要基地,即以园林树木繁育为主,包括城市景观花卉、草坪及地被植物的生产,并从传统的露地生产和手工操作方式,迅速向设施化、智能化方向过渡,成为生产园林植物的工厂。同时,园林苗圃又是园林植物新品种引进、选育、繁殖的重要场所。

2)园林苗圃的任务

园林苗圃的任务就是以市场为导向,运用先进的技术、良好的生产设施和完善的经营管理体制,在较短时间内以最低的生产成本,通过引进、选育、快繁等手段,有计划地培育出城市园林绿化所需要的各类苗木,取得明显的经济效益和社会效益。

1.1.2　园林苗圃的特点

1)繁殖苗木的门类、品种多

园林植物在园林应用中,讲究时空、韵律等变化,并能反映园林植物种类的丰富多彩,尤其是大型城市园林应用中,树种品种往往几百甚至上千种,这就要求繁育多类型、多品种的园林苗木。因此,一个园林苗圃往往要生产各个种类的苗木。从形态上看,包括各种大中小乔木,各种类型的灌木、常绿树、落叶树、攀缘及地被类植物等;从观赏特性上看,包括观形、观花、观果、观叶、观枝干及观芽等类型;从功能上看,包括绿化树种、美化树种、抗污染树种、抗盐碱树种、防风固沙树种、地被树种和垂直、立体绿化树种。

2)产品规格齐全

园林苗圃中要培育大、中、小各种苗木,以供园林应用,一般要有不同高度的常绿乔木、不同胸径的落叶乔木,以及不同年龄或冠径的灌木等规格等级。

3)生产周期长

园林苗圃的苗木类型多,苗木生长周期长。一些常绿乔木,从播种到养成高4~5 m的大苗,要经过20~30多年;落叶乔木达到出圃规格,要培育4~6年以致更长时间,最快的花灌木也要培育2~3年。

由于园林苗圃的苗木品种多,生产周期长,要求繁育、养护的技术全面,经营管理计划性强,生产集约化程度高,因此园林苗圃的建立和经营是一个系统工程。

1.2　园林苗圃的分类

园林苗圃的分类是根据苗圃种植内容、苗圃面积和苗圃的生产年限来划分。

1.2.1　园林苗木圃

这是以培育城镇园林绿化所需的苗木为主要任务的苗圃。这类苗圃培育的苗木种类繁多,但以园林绿化风景树、行道树、色块树种为主。

这类苗圃苗木种植历史悠久,数量也很多。一般建在历史上已经形成园林苗木集散地的周围,苗木生产以种植专业户为主,面积不大,但连片种植,形成苗木村、花木乡。

1.2.2 景观花卉圃

这是以生产城镇绿化、美化的一二年生草本花卉与宿根、球根类草本花卉为主的苗圃。

这类苗圃一般位于城市近郊,靠公路,便于运输和销售,占地面积不大,一般在大城市周边的苗圃地 6~8 hm²,在中小城镇周边的苗圃地 3~5 hm²。景观花卉生产多数采用大棚,使用标准塑料花盆进行无土栽培,对花卉品种、栽培技术要求较高。目前城镇园林绿化建设对草本花卉的需求量在迅速增加,这类苗圃具有很大的潜在发展空间。

1.2.3 草皮生产圃

这是为城镇园林、交通设施、体育场等绿化提供草皮的苗圃。

这类苗圃应选择城镇周围,靠近公路,灌排条件较好,地势平坦的地块。面积依种植方式的不同而异,传统草皮生产方式,面积 2~4 hm²;无土草毯生产方式,面积 6~8 hm²;机械化铲草皮生产方式,面积在 10 hm² 以上。草皮是建植园林绿地的重要材料之一,近期,随着我国园林绿化事业的快速发展,草皮生产的种类、方式和规模在逐渐扩大,草皮生产圃已成为我国城镇绿化,以及体育场地、水土保持等基本建设中快速建成草坪绿地的重要基地。

1.2.4 种苗圃

这是指引进和选育园林植物新品种以及进行种苗生产的苗圃。其主要任务是引进国内外一些园林植物新品种,进行驯化和筛选,采用较为先进的设施和技术手段进行新品种的扩繁,为基层园林苗圃或园林植物生产专业化提供优质种苗。

这类苗圃一般由园林绿化研究部门、大专院校、大中型企业及外资企业投资建设,面积 10 hm² 左右。它们靠近研究单位,立地条件与经营条件较好,技术力量较强,而且设施先进,采用工厂化生产,资金投入量大,经济效益十分明显。

1.2.5 综合性苗圃

这是具有多种经营性质的苗圃。它们面向园林绿化市场的需求,既培育园林绿化用的商品苗木与盆栽观叶、观花植物,又生产草皮和地被植物。这种苗圃以农民生产、个体合作经营为主。而作为一些园林绿化管理部门、绿化经营公司的自备苗圃,其产品则以自用为主,部分对外销售,面积在 5~10 hm²。

1.3　园林苗圃的生产现状及发展趋势

1.3.1　园林苗圃的生产现状

1)城市园林建设加快,拉动园林苗圃迅速膨胀

　　园林苗圃是城市绿化发展的物质基础,种苗生产是园林绿化的首要工作。近些年来,我国城市生态、环境建设的超常规发展,刺激、拉动了园林苗圃产业的迅速膨胀。近两年,苗木生产总面积翻了一番还多,产量增加了近2/3。之所以苗木产业发展快,首先得益于国家重视园林生态和城市环境建设。国家投入城市园林建设的资金多,园林规划企业发展快,苗木需求量则大;种苗价格看好,苗木生产、经营者收益高,调动了老百姓育苗的巨大积极性。

　　第二,新品种、优良品种、速生苗木的诱导作用大。苗木新品种层出不穷,优良品种推广日趋加快,先进栽培管理技术不断提高,促进了苗木产量、生产效率的提高,也使园林苗木更具有观赏性、公益性,苗木生产更具有时效性、诱惑性。

　　第三,农业生产不景气,粮、棉、油价格走势过低,也变相促使了苗木业的大发展。

2)非公有制苗圃发展迅速,已成为苗木产业的主力

　　几十年来,国有苗圃一直独领风骚,在苗木行业唱主角。但近几年,非公有制苗圃发展迅速,除了转向苗木生产经营的农户增多之外,其他行业、非农业人士加入种苗行列,从事苗木生产的已不计其数。浙江的萧山已成为浙江花木生产的重地,产品包含花灌木、彩叶植物、绿篱植物等10大类近1 000个品种,其中花木生产以柏木类和黄杨类为主。

3)经营树种、品种越来越多

　　经过近年来多渠道引进树种,科研部门育种、推广,还有乡土、稀有树种广泛应用,使种苗生产者经营的树种、品种越来越多。栽培树种、品种的增多,给广大育苗经营者带来更多选择和调剂苗木的机会,跨地区、省际的种苗采购、调剂日趋增多。

4)区域化生产、集约性经营,呈现良好的发展态势

　　不少地区区域化生产、集约性经营,逐步走向正规,趋于科学、合理。在区域化生产方面,经济发达的东部大中城市周围地区,花卉产业已初具规模,并出现一些花卉品种相对集中的产区,如广东的顺德已成为全国最大的观叶植物生产及供应中心,浙江的萧山已成为浙江花木生产的重地。产业布局的另一个特点是有些省份已形成多样化、区域化趋势的花卉产地,如山东省的荷泽主产牡丹,莱州主产月季,平阴主产玫瑰,德州主产菊花,泰安生产盆景;而江西、辽宁的杜鹃,天津的仙客来,四川的兰花,福建漳州的水仙,海南的观叶植物,贵州的高山杜鹃,江西大余的金边瑞香,山东菏泽及河南的牡丹在全国享有盛名;盆景的产地主要集中在江苏、河北、安徽、河南、新疆、宁夏、广东、上海等地。

5)种苗信息传播加快,人们的经营理念日趋成熟

　　随着全国林木种苗交易会、信息交流会的逐年增多,人们的信息、市场观念增强,经营理念日趋成熟。近年来,国家有关部门、各省市举办各种名目的种苗交易会、信息博览会,大大促进了种苗生产、经营者的信息交流和技术合作。加上报刊、电视、广播等媒体的宣传、报道,使人们获得的信息量增多,在新品种的引进、种苗购置、苗木交易等方面都逐渐理智、成熟。

1.3.2 园林苗圃存在的问题

随着园林苗木生产的迅速发展,一些问题逐渐显现出来,并在一定程度上制约了园林苗木的正常发展,给生产经营者带来了巨大的经济损失。

1) 苗木存圃量大,管理粗放,苗木规格低

根据政府主管部门统计的数字及有关方面的报道,现在全国苗木生产面积已具有较大规模,特别是不能出圃,还有移植的一二年生的小规格苗木占总面积的近1/2。另外,种苗行业中新手很多,他们大多数不懂园林苗木生产的理论知识和技术要求,不能因地制宜地发展苗木,加上苗木管理不过关,生产出的苗木质量大多不能符合园林用苗标准。

由于新品种的增加,苗木培育技术的提高,苗木生长迅速,产量增加很快,再用3~5年的时间,常用的大规格苗木将基本供应充足,因此,不应再继续扩大种植面积。同时,应注重合格苗木的生产,减小密度,科学培植,尽快培育适合城乡绿化的各种苗木。因此,加快培育高质量、大规格的苗木更为迫切。

2) 生产品种单一,苗圃缺乏特色

受传统种植观念的影响,"人家种啥我种啥""什么赚钱我种什么"等现象非常普遍。首先,新品种热一阵风,结果很多小苗积压存圃,卖不动。其次,各苗圃生产品种雷同,缺乏特色。苗圃面积虽然大小不一,但经营品种别无他样,你有我也有,比比皆是。

3) 缺乏长远的苗木培育规划,苗木结构不合理

由于对城市建设发展所要求的城市园林绿化步伐缺乏长远的预见性,没有注重对苗木结构的长远规划,使得城市园林苗圃中常绿类所占比重过大,落叶乔灌木不足,特别是缺乏大规格的优质乔木。另外,新优品种少,原有品种单调,缺乏市场竞争力。如许多苗圃中绿篱苗中桧柏严重过剩,造成大量积压,而黄杨类不足。上百万的待出圃桧柏的养护管理每年就是一笔不小的投入,无形中加大了生产成本。

1.3.3 园林苗圃的发展趋势

1) 专业化程度较高的苗圃将跟上园林事业新形势的发展

随着经济现代化的发展以及各级政府对园林事业的关注度越来越高,以后苗圃所经营的品种必须紧跟各地实际情况的发展,不能像以前一样盲目地、一窝蜂似追求一个极端。各地的个体苗木经营者必须要掌握最新的当地的园林动态,因地制宜地发展所需的品种,同时还要关注周边相近地区及近省的园林发展趋势。这就要求苗木经营者具有较高的专业水平和一定的预见性,能够把握当地的苗木品种的总体质量和水平,适时发展,实地发展,这样才能跟上政府的发展要求和人们生活水平提高的要求。

2）苗木生产标准的逐渐完善将大大增加区域间的苗木营销范围

虽然现在苗木的生产标准还没有出台，使得经营有所障碍，但近几年来苗木经营者相互合作的增加在一定程度上对标准的产生起到了促进作用。网络的发展使经营者的联系更加方便，当相互合作的机会越来越多的时候，他们之间的小标准就会产生；进而，与之联系的其他经营者也在不断地加入，久而久之区域性的标准就会产生；依次推之，统一的生产标准将会在不久产生。如果有统一的标准作为依据，那么跨省的、大规模的苗木营销将变得简约而有效率，无论是在人力、物力方面，还是在财力方面都将起到举足轻重的作用。相信在各级政府、专业技术人员以及广大的苗木经营者的共同努力下，苗木统一标准的产生指日可待。

3）园林苗圃的新作用随着社会经济的发展不断地完善

人们的思想随着社会的发展在不断地进步，只有跟上发展的要求，人们才能求得进步。苗圃经营者的经营思路也在不停地更新，为了增加收入，经营者在保持原有经营品种的前提下，逐渐放弃以前的旧思想，不时地在寻求发展的新思路。他们利用各自地区的资源优势，将自己的苗圃和当地的科研院校合作，不断开发、繁育园林新品种。虽然有的并没有取得太大的成果，但也有些小的新成果。园林新品种不是一朝一夕能够产生的，苗圃为两者的合作提供了场所，随着时间的推移，园林苗圃这种载体的新作用将充实园林事业的细胞。

园林苗圃发展的现阶段要着眼于对当前苗木种植结构的调整，使苗木生产经营区域化、集约化、现代化。结合城乡绿化需要，加快培育高质量、大规格的苗木，特别应注重合格苗木的生产，压缩常规小苗木的生产，增加信息交流，引导苗木生产走向良性循环的道路。

1.4　园林苗圃的课程内容与岗位能力分析

课程内容体系		岗位实际工作任务
第1篇　园林苗圃的建立		根据城市园林绿化的发展需要和自然环境条件特点，研究园林苗圃的特点及合理布局，进行园林苗圃工程设计
第2篇　园林苗木培育	园林苗木的种实生产	学习园林树木结实的生理基础，为种实的采集、加工、贮藏、运输以及种实品质的检验提供理论依据和具体的技术措施
	播种苗培育技术	从事园林植物育苗生产、园林植物繁殖、培育工作；从事容器苗、植物组织培养苗的培育工作。从事各类绿化苗木的培育工作
	营养繁殖育苗技术	
	园林苗圃育苗新技术	
	园林植物大苗培育技术	
	商品苗出圃	
第3篇　现代园林苗圃经营管理		分析园林苗圃的组织管理、经济管理、市场营销，进行效益和风险评价，制订园林苗圃的生产计划，探讨园林苗圃经营管理模式

复习思考题

一、填空题

1. 根据园林苗圃育苗的种类,可以把园林苗圃划分为_____和_____。

2. 根据园林苗圃经营的期限,可以把园林苗圃划分为_____和_____。

3. 根据园林苗圃占地面积的大小,可以把园林苗圃划分为_____、_____和_____。

4. 根据园林苗圃的种植内容,可以把园林苗圃划分为_____、_____、_____、_____、_____。

二、选择题

1. 苗圃的面积在 $3 \sim 20 \ hm^2$ 的苗圃为(　　)。

A. 大型苗圃　　　　B. 中型苗圃　　　　C. 小型苗圃　　　　D. 综合苗圃

2. 以生产城镇绿化、美化的一二年生草本花卉与宿根、球根类草本花卉为主的苗圃是(　　)。

A. 种苗圃　　　　B. 园林苗木圃　　　　C. 景观花卉圃　　　　D. 种苗圃

3. 为了完成某一地区的园林绿化任务而暂时设立的苗圃为(　　)。

A. 固定苗圃　　　　B. 专类苗圃　　　　C. 临时苗圃　　　　D. 综合苗圃

三、问答题

1. 什么是园林苗圃? 它有什么特点?

2. 园林苗圃的类型有哪些?

3. 联系实际,谈谈目前我国园林苗圃的发展现状、存在问题及其解决对策。

2 园林苗圃的建立

【知识要点】

园林苗圃地的选择、规划设计及建立是园林苗圃高效经营的前提和基础,在建立苗圃前必须慎重选址、规划。本章主要介绍了园林苗圃用地的选择依据、生产用地的规划原则和配置及园林苗圃的规划设计。

【学习目标】

1. 掌握园林苗圃用地选择的依据;
2. 掌握生产用地的规划原则与配置;
3. 能够运用园林苗圃建立的知识进行园林苗圃规划、设计。

2.1 园林苗圃的合理布局和用地选择

苗圃建立1

2.1.1 园林苗圃的合理布局

一个城市,特别是大、中型城市,要对城市的园林苗圃进行合理规划与布局。规划应注意有利于苗木培育、有利于绿化、有利于职工生活的原则。《城市园林育苗技术规程》规定,园林苗圃距市中心不超过 20 km。园林苗圃应分布在城市的周围,可就近供应苗木,缩短运输距离,降低成本,减轻因运输距离过长给苗木带来的不利影响。大城市通常在市郊设立多个苗圃,中、小城市主要考虑在城市重点发展的方位设立园林苗圃。

园林苗圃根据面积大小一般可分为大型(面积大于 20 hm²)、中型(面积 3 ~ 20 hm²)及小型(面积小于 3 hm²)苗圃。

2.1.2 园林苗圃地的选择依据

1)园林苗圃的经营条件

园林苗圃的经营条件直接关系着苗圃的生存和发展。园林苗圃首先应选择交通方便,靠近

公路、铁路或水路的地方,以便于苗木出圃和材料物资的运入。其次,应将苗圃选择在靠近村镇的地方,以便于解决劳力、畜力、电力等问题,尤其在早春苗圃工作繁忙时,便于补充临时劳力。另外,如果有条件尽量把苗圃设在相关的科研单位、大专院校等附近,有利于先进科学技术的指导、采用和科技咨询及机械化的实现。建立苗圃时还应注意环境污染问题,尽量远离污染源。

2)园林苗圃的自然条件

(1)地形、地势　园林苗圃应尽量选择背风向阳、排水良好、地势较高、地形平坦的开阔地带。坡度一般以 1°~3°为宜,坡度过大,易造成水土流失,降低土壤肥力,不便于机械化作业;坡度过小,不利于排除雨水,容易造成渍害。具体坡度因地区、土质不同而异,一般在南方多雨地区坡度可适当增加到 3°~5°,以便于排水;而北方少雨地区,坡度则可小一些;在较黏重的土壤上,适当大些;在沙性土壤上,坡度宜小些。在坡度较大的山地育苗,应修筑梯田。尤其注意,积水洼地、重度盐碱地、峡谷风口等地,不宜选作苗圃地。

(2)土壤条件　土壤条件是苗圃选址重点考虑的因素,土壤的结构和质地对土壤水分、养分和空气状况的影响很大,通常团粒结构好的土壤,通气性和透水性良好,温度条件适中,有利于土壤微生物的活动和有机质的分解。多数苗木适应生长在含有一定沙质的壤土或轻壤土中,黏重土壤改造后也可以应用,砂性土壤虽然也可以改良,但常绿树出圃时,很难掘带土坨,应慎重考虑。盐碱涝洼地虽有排水设施,但盐渍化容易造成对多种园林苗木的伤害,应尽量避免。重盐碱地及过分酸性土壤,也不宜选作苗圃。一般树种以中性、微酸或微碱性土壤为好,一般针叶树种为 pH 5.0~6.5,阔叶树种为 pH 6.0~8.0。

(3)水源及地下水位　水源是园林苗圃选址的另一重要条件。园林苗圃最好选择在江、河、湖、塘、水库等天然水源附近,以利于引水灌溉;同时也有利于使用喷灌、滴灌等现代化灌溉技术;且这些天然水源水质好,有利于苗木生长。若无天然水源或水源不足,则应选择地下水源充足,可打井提水灌溉的地方,并应注意两个问题:其一为地下水位情况,地下水位过高,土壤的通透性差,苗木根系生长不良,地上部分易发生贪青徒长,秋季停止生长较晚,容易发生苗木冻害,且在多雨时易造成涝灾,干旱时易发生盐渍化;地下水位过低时,土壤易干旱,需增加灌溉次数及灌水量,提高了育苗成本。实践证明,在一般情况下,适宜的地下水位是:沙壤为 1.5~2 m,壤土为 2.5~4 m。其二为水质问题,苗圃灌溉用水的水质要求为淡水,水中含盐量(质量分数)不要超过 0.1%,最高不得超过 0.15%。

(4)病虫害　在育苗过程中,往往因病虫害造成很大损失。因此,在苗圃选址时,要做专门的病虫害调查,尤其要调查蛴螬、地老虎等主要地下害虫和立枯病、根瘤病等菌类感染程度。病虫害过于严重的地块,附近树木病虫为害严重的地方,应在建立苗圃前,采取有效措施加以根除,以防病虫继续扩展和蔓延,否则不宜选作苗圃地。

2.2　园林苗圃的面积计算

园林苗圃的建设一经确定下来,总面积就已固定。总面积包括生产用地和辅助用地两大部分。

2.2.1　生产用地面积计算

生产用地是指直接用来生产苗木的土地,通常包括播种区、营养繁殖区、移植区、大苗区、母树区、苗木展示区、试验区以及轮作休闲地等。

计算生产用地面积,主要依据计划培育苗木的种类、数量、规格、要求,结合出圃年限、育苗方式以及轮作等因素来确定。如果确定了单位面积的产量,即可按下面公式进行计算:

$$P = \frac{NA}{n} \times \frac{B}{c}$$

式中　P——某树种所需的育苗面积;

　　　N——该树种的计划年产量;

　　　A——该树种的培育年限;

　　　B——轮作区的区数;

　　　c——该树种每年育苗所占轮作的区数;

　　　n——该树种的单位面积产苗量。

在计算面积时要留有余地,故每年的计划产苗量应适当增加,一般增加3%~5%。

某树种在各育苗区所占面积之和,即为该树种所需的用地面积。各树种所需用地面积的总和再加上引种试验区面积、示范区面积、温室面积、母树区面积就是全苗圃生产用地的总面积。

2.2.2　辅助用地面积计算

辅助用地包括道路、排灌系统、防风林以及管理区建筑等的用地。苗圃辅助用地面积不能超过苗圃总面积的20%~25%,一般大型苗圃的辅助用地面积占总面积的15%~20%,中小型苗圃占18%~25%。

2.3　园林苗圃规划设计与建立

苗圃建立2

2.3.1　生产用地规划设计的原则

1)苗圃生产基本单位

耕作区是苗圃中进行生产的基本单位。

2)耕作区的长度、宽度

耕作区的长度依机械化程度而异。使用中小型机具为主的,小区长200 m;使用大型机具为主的,小区长500 m。以手工和小型机具为主的小型苗圃,生产小区的划分较为灵活,长度一般为50~100 m。

作业区的宽度依圃地的土壤质地和地形是否有利于排水而定,一般以40~100 m为宜。

3）耕作区的方向

应根据圃地地形、地势、坡向、主风方向和圃地形状等因素综合考虑。坡度较大时,耕作区长边应与等高线平行。一般情况下,耕作区长边最好采用南北向,可使苗木受光均匀,利于苗木生长。

2.3.2　各育苗区的配置

生产区用地面积不得少于苗圃总面积的75%,一般可以分为以下几个区:

1）播种区

本区是培育播种苗的区域,播种繁殖是整个育苗工作的基础和关键。实生幼苗对不良环境的抵抗力弱,对土壤质地、肥力和水分条件要求高,管理要求精细。所以,播种区应选全圃自然条件和经营条件最好的地段,并优先满足其对人力、物力的需求。该区应设在地势较高而平坦、坡度小于2°,接近水源、排灌方便,土质最优良、土层深厚、土壤肥沃,背风向阳、便于防霜冻,管理方便的区域,最好靠近管理区。如果是坡地,要选择最好的坡段、坡向。草本花卉播种还可采用大棚设施和育苗盘进行育苗。

2）营养繁殖区

该区是培育扦插苗、压条苗、分株苗和嫁接苗的区域。在选择这一作业区时,与播种区的条件要求基本相同,应设在土层深厚、地下水位较高、灌排方便的地方。具体的要求还要依营养繁殖的种类、育苗设施的不同而有所差异。嫁接苗要与播种区相同;扦插区要着重考虑灌溉和遮阴条件;压条、分株法采用较少,育苗量少,可利用零星地块育苗。

繁殖区包括播种区、营养繁殖区、保护地栽培区,其面积占育苗面积的8%。

3）小苗移植区

该区是培育各种移植苗的作业区,占育苗面积10%~15%。由播种区和营养繁殖区繁殖出来的苗木,需要进一步培养成较大的苗木时,便移入移植区进行培育。由于移植区占地面积较大,一般设在土壤条件中等、地块大而整齐的地方,依苗木的不同生态习性,进行合理安排。

4）大苗养护区

该区是培育体形和苗龄均较大,并经过整形的各类大规格苗木的作业区,占育苗面积的75%。

在本育苗区继续培育的苗木,通常在移植区内进行过一次或多次移植,在大苗区培育的苗木出圃前不再进行移植,且培育年限较长。大苗区的特点是株行距大,占地面积大,培育出的苗木大、规格高,根系发育完全,可以直接用于园林绿化,满足绿化建设的特殊需要。如树冠高大的高标准大苗,利于加速城市绿化效果和保证重点绿化工程的提早完成。目前,为达到迅速绿化的效果,城市绿化对大规格苗木需求不断增加。大苗区一般选在土层较厚、地下水位较低、地块整齐、运输方便的区域。

5）试验区

试验区主要是为苗圃新、优品种,包括从国内外引进、驯化、筛选的苗木品种进行先期开发以及为其他新技术措施进行实验的场所,它占育苗面积的 2% ~ 3%。另外,试验区还研究、引进育苗生产、繁殖养护新技术工艺,为育苗生产进行品种贮备和技术贮备。该区在现代园林苗圃建设中占有重要位置,应给予重视。试验区对土壤、水源等条件要求较严,要配备一定数量的科技人员和技术工人,还应配备比较完善的科研及生产设施。试验区根据课题的需要,应建立一定规模的温室及塑料棚等保护设施。

6)母树区

为了获得优良的种子、插条、接穗等繁殖材料,园林苗圃需设立采种、采条的母树区。本区占地面积小,占育苗面积的 2%,可利用零散地块,但要求土壤深厚、肥沃,地下水位较低,对栽培条件、管理水平等要求较高。

7)苗木展示示范区

园林苗木新、优品种展示示范相当重要。公园绿地种植的不少花色品种,对社会有一定的示范作用。一些新品种在社会尚未认识的情况下,苗圃必须对其优良的观赏性能及其他各种用途进行展示,让园林设计师、客户对其了解、欣赏并给予推广应用。示范区可单独划出场地,也可结合办公管理区、圃路等绿化设计一起进行,如各类藤本月季、丰花月季、地被月季品种的展示。苗圃最新推出的新、优品种都应建立示范区,让顾客认识了解。

2.3.3　辅助用地的设计

苗圃的辅助用地主要包括道路系统、排灌系统、防护林及管理区建筑用地等,属于非生产用地。它包括防风林、圃路、排灌水渠道、管理区等,占总面积的 25% 左右。

1)道路系统的设置

苗圃中的道路是连接各作业区之间及各作业区与管理区之间的纽带。道路系统的设置及宽度,应以保证车辆、机具和设备的正常通行,便于生产和运输为原则,并与排灌系统和防护林带相结合。道路系统分为主干环路、支路、作业道。主干环路和支路应能通行大卡车及拖拉机、吊车等大型机械,用于吊装大苗、进出调运作业,因此,应坚实耐轧。

主干环路一般应铺装,支路和作业道可不铺装。主干环路宽度应不少于 7 m,标高至少要高出育苗区 20 cm。支路是联络主路和各育苗区的通道,宽度为 3 ~ 4 m,标高应高出育苗区 10 cm 左右。作业道是区间作业小路,宽度在 2 m 左右,要保证日常的生产作业及苗圃工作等通行。苗圃中道路占地面积不应超过苗圃总面积的 7% ~ 10%。

2)灌溉系统的设置

园林苗圃必须有完善的灌溉系统,以保证水分对苗木的充分供应。

(1)水源　分为地上水源(即河水、湖塘水)和地下水源(即井水)。

地上水源水温及水中可溶性养分有利于树木生长,有条件时尽量用地上水源。地下水就近供水方便,是苗圃普遍应用的水源。

(2)灌溉方式　分为漫灌、喷灌、滴灌。

漫灌方式是指水源通过灌渠、支渠、垄沟进入育苗地。要求灌渠、垄沟与育面地之间要有 0.1% ~ 0.3% 的落差,渠道边坡与地面一般成 45°。漫灌方式比较原始,但成本低,建造容易。

其不足是浪费土地面积,漏水、漏肥,尤其是沙质土壤的苗圃浪费更为严重。

喷灌、滴灌方式是指由水管连接水源和育苗地,育苗地设计喷头或滴管。这两种方法基本上不产生深层渗漏和地表径流,一般可省水 20% ~40%;少占耕地,能提高土壤利用率;保持水土,且土壤不板结;可结合施肥、喷药、防治病虫等抚育措施,节省劳力;同时可调节小气候,增加空气湿度,有利于苗木的生长和增产。但喷灌、滴灌均投资较大,喷灌还常受风的影响,应加以注意。管道灌溉近年来在国内外均发展较快,今后建圃在有条件的情况下,应尽量采用管道灌溉方式。

3)排水系统的设置

园林苗圃苗木品种较多,有很多怕涝品种,应建立科学、有效的排水体系,保障苗木存活。首先应考虑苗圃总排水要和周围排水体系沟通,标定苗圃总体排水高程和苗圃总体排水方向,以此为依据规划苗圃内排水体系。排水体系设有主排水渠、支排水渠、作业区排水作业道。育苗地至圃地总排水出口坡降为 0.1% ~0.3%,路、灌渠和排水渠相交处应设涵洞。排水渠宽度应根据本地区降雨量的经验数据确定,大、中型苗圃主排水渠一般宽为 2 m,支渠为 1 m,深 0.5 ~1 m;耕作区内小排水沟宽 0.3 ~0.5 m,深 0.3 ~0.4 m。每年雨季到来之前进行修整,清理排水沟。

4)防护林带的设置

为了避免苗木遭受风沙危害,降低风速,减少地面蒸发和苗木蒸腾,创造良好的小气候条件和适宜的生态环境,苗圃应设置防护林带。防护林带的设置规格,应由苗圃面积的大小、风害的严重程度决定。一般小型苗圃设一条与主风方向垂直的防护林带;中型苗圃在四周设防护林带;大型苗圃不仅在四周设防护林带,而且在圃内结合道路、沟渠,设置与主风方向垂直的辅助林带,如有偏角,不应超过 30°。一般防护林的防护范围为树高的 15 ~20 倍。

林带结构以乔木、灌木混交的疏透式为宜,既可减低风速又不因过分紧密而形成回流。林带宽度和密度依苗圃面积、气候条件、土壤和树种特性而定,一般主林带宽 8 ~10 m,株距 1.0 ~1.5 m,行距 1.5 ~2.0 m;辅助林带由 2 ~4 行乔木组成,株行距根据树木品种而定。林带的树种选择,应尽量就地取材,应选用当地适应性强、生长迅速、树冠高大、寿命较长的乡土树种,同时注意速生与慢生、常绿与落叶、乔木与灌木、寿命长与寿命短的树种相结合,也可结合采种、采穗母树和有一定经济价值的树种,如建材、筐材、蜜源、油料、绿肥等,以增加收益,便利生产。注意不要选用苗木害虫寄生的树种和病虫害严重的树种。为了加强圃地的防护,可在林带外围种植带刺的或萌芽力强的灌木,减少对苗木的为害。苗圃中林带的占地面积一般为苗圃总面积的5% ~10%。

近年来,在国外为了节省用地和劳力,已有用塑料制成的防风网防风。其特点是占地少而耐用,但投资多,在我国少有采用。

5)管理用地的设置

管理区占地面积一般为苗圃总面积的 5% ~10%。

(1)办公及生活用房建筑 管理办公区负责行政、生产、对外经营、职工生活等项职能,区划应相对集中,处于苗圃适中位置,又要对外进出方便。占地面积控制在总面积的 1% ~2% 为宜。

(2)后勤及库房、料场 后勤是生产的保障部门,负责生产工具的保管、维修、发放,生产材料(如肥料、包装材料等)的保管、发放,应根据生产规模划出相应面积的场地。

（3）农机区　农机区负责各种苗圃机械，如拖拉机、农机具，包括大型运输车辆、起重吊车、工程机械、铲车、打药车及喷灌系统各种配件器材等的保管、维修工作，具体设施有农机库、车库、配件库、修理车间、油库等。大型园林苗圃应备有常用的农机设施，保障育苗生产及苗木经营的正常开展。

2.3.4　苗圃地设计图的绘制及说明书的编写

1）制图前的准备

在绘制设计图前，必须确定苗圃的具体位置、圃界、面积，育苗任务、育苗种类、育苗数量及出圃规格，苗圃的生产和灌溉方式，必要的建筑和设施设备以及苗圃工作人员的编制，认真研究有关自然条件、经营条件以及气象方面的资料和其他有关资料，准备各种有关的图纸材料，如地形图、平面图、土壤图、植被图等。

2）绘制设计图

根据建圃任务书的要求，对具体条件全面综合，确定大的区划设计方案，在地形图上绘出主要建筑物的位置、形状、大小以及主要路、渠、沟、林带等位置；再依其自然条件和机械化条件，确定最适宜的耕作区的长宽和方向；然后根据各育苗区的要求和占地面积，安排出适当的育苗场地，绘出苗圃设计草图。最后经多方征求意见，进行修改，确定正式设计方案，即可绘制正式图。正式设计图应依地形图的比例尺将建筑物、场地、路、沟、渠、林带、耕作区、育苗区等按比例绘制，排灌方向要用箭头表示；使用喷灌的用喷头表示；应有图例、比例尺、指北方向等；各建筑物应加编号或以文字注明。

3）设计说明书的编写

苗圃设计说明书是规划设计的文字材料，它与设计图是苗圃设计的两个基本组成部分。图纸上表达不出的内容，都必须在说明书中加以阐述。说明书包括总论部分和设计部分。

（1）总论　主要叙述该地区的经营条件和自然条件，分析其对育苗工作的有利因素和不利因素以及相应的改造措施。经营条件应说明苗圃所处的位置，当地居民的经济、生产、劳动力情况及对苗圃生产经营的影响；苗圃的交通条件；电力和机械化条件；苗圃成品苗木供给的区域范围及发展展望。自然条件主要说明气候条件、土壤条件、地形特点、水源情况、病虫草害及植被情况等。

（2）设计部分　包括苗圃的面积计算、苗圃的区划说明、育苗技术设计、建圃的投资和苗木成本回收及利润计算等。

苗圃的面积计算应说明苗圃面积的计算依据、计算方法和实际数据等。

苗圃的区划说明包括耕作区的大小、各育苗区的配置、道路系统的设计、排灌系统的设计、防护林带及防护系统设计、建筑区建筑物的设计、保护地设施的设计等。

育苗技术设计说明主要说明采取的育苗方法、各时期苗木的相互衔接和土地利用、设施利用方式等。

建圃投资和苗木成本回收及利润计算：包括建圃投资、运行成本、生产与销售额预测、销售价格等，对年利润及回收期做出概算。

2.3.5　园林苗圃的建立

设计方案通过后,要根据设计图纸进行园林苗圃的建设施工。建设项目包括房屋、道路、沟渠、管道、水源站、变电站、通信网络、温室、大棚、土地平整、防护林建设等。

1)道路网络建设

道路网络建设是苗圃建设的第一步。根据设计图纸,先将道路在圃地放样画线,确定位置,然后将主干道与外部公路接通,为其他项目建设做准备。在集中建设阶段路基、路面可简单一些,能够方便车辆行驶即可。待到建设后期,可重修主路,达到一定的等级标准。

2)房屋建设

首先建设苗圃建立和生产急用的房屋设施,如变电站及电路系统、办公用房、水源站(引水系统、自来水或自备井),逐步再建设其他必备的锅炉房、仓库、温室、大棚等设施。

3)灌排系统建设

灌溉系统有两种类型,即渠道与管道。如果是渠道,应结合道路系统的施工一同建设。根据设计要求,一级和二级渠道一般要用水泥做防渗处理,渠底要平整,坡降要符合设计要求。如果是管道引水,应根据设计要求进行施工。注意埋管深度要在耕作层以下,最好在冻土层以下,防止冬季管道积水冻裂管道。

排水系统也有两种形式:明渠排水和地下管道排水。大多数苗圃用明渠排水,离城市排水管网近的苗圃可建设地下管道,进入市政排水系统。

4)防护林建设

根据设计要求,在规定的位置营造防护林。为了尽快发挥作用,防护林苗木应选用大苗。栽植后要及时进行各项抚育管理,保证成活。一年内需要支撑,防止倒斜。

5)土地平整

平整时要根据耕作方向和地形,确定灌溉方向(渠灌更应注意)、排水方向,然后由高到低进行平整,因此此项工作量大,应提前进行。

6)土壤改良

对于理化性状差的土壤,如重黏土、沙土、盐碱土,不宜马上种植苗木,要进行土壤改良。重黏土要采取混沙、多施有机肥、种植绿肥、深耕等措施进行改良。沙土则要掺入黏土和多施有机肥进行改良。盐碱土视盐碱含量可采取多种综合措施进行改良,方法是隔一定距离挖排盐沟,有条件时在地下一定深度按一定密度埋排盐管,利用雨水或灌溉淡水洗盐,将盐碱排走;此外,还可通过多施有机肥、种植绿肥等生物方法进行改良。轻度盐碱可采用耕作措施进行改良,如深耕晒土、灌溉后及时松土等措施,也可采用以上措施进行综合改良。

实训 1　园林苗圃的参观与评价

1. 实训目的

通过实地参观、调查、访问及测量训练,使同学们掌握园林苗圃地选择的依据和条件,掌握园林苗圃地各育苗区区划设计的方法,了解苗圃地建设的过程。

2. 实训仪器工具

当地区的1∶10 000地形图、罗盘仪、皮尺、标杆、标尺、方格纸、绘图工具等。

3. 实训步骤

①集体参观新建苗圃或现存苗圃,了解全貌。

②分小组测量生产用地、辅助用地的面积。

③调查现存苗圃各育苗区的种类、数量、植株长势情况,调查辅助用地区划情况,并填入苗圃生产用地和辅助用地情况统计表。

苗圃生产用地和辅助用地情况统计表

区　域	面积/m²	苗木种类	数量/棵	苗龄/年	苗高/cm
播种区					
移植区					
营养繁殖区					
大苗区					
母树区					
引种驯化区					
建筑用地					
道路用地					
排灌系统用地					
其他用地					

④调查当地的自然条件、周边环境等。

⑤根据调查测量结果绘制出苗圃区划草图。

4. 实训报告

①总结本次实训情况。通过对育苗地的地块进行实际测量,根据园林苗圃选择和规划理论知识,分析选址的优势和不利条件,对苗圃提出改进建议。

②根据苗圃现地的实际,画出苗圃区划图。

实训2　园林苗圃地选址与区划

1. 实训目的

了解苗圃地选址的基本要求和区域划分的基本依据,为以后苗圃的具体经营管理和操作提供技术支持和培养技能人才;掌握园林苗圃规划设计方法,熟练进行苗圃规划设计图的绘制及苗圃规划设计说明书的撰写。

2. 实训仪器工具

罗盘仪、皮尺、花杆、计算器、绘图工具等。

3.实训步骤

1)园林苗圃规划的准备工作及外业调查

（1）踏勘　由设计人员会同施工和经营人员到已确定的圃地范围内进行实地踏勘和调查访问工作,概括了解圃地的现状、历史、地势、土壤、植被、水源、交通、病虫害以及周围的环境。

（2）测绘地形图　平面地形图是进行苗圃规划设计的依据。比例尺要求为1∶500～1∶200,等高距为20～50 cm。对设计直接有关的山、丘、河、湖、井、道路、房屋、坟墓等地形、地物应尽量绘入。对圃地的土壤分布和病虫害情况也应标清。

（3）土壤调查　根据圃地的自然地形、地势及指示植物的分布,选定典型地区,分别挖取土壤剖面,观察和记载土层厚度、机械组成、酸碱度(pH值)、地下水位等。必要时可分层采样进行分析,弄清圃地内土壤的种类、分布、肥力和土壤改良的途径,并在地图上绘出土壤分布图,以便合理使用土地。

（4）病虫害调查　主要调查圃地内的土壤地下害虫,如金龟子、地老虎、蝼蛄等。一般采用抽样方法,每公顷挖样方土坑10个,每个面积0.25 m²,深40 cm,统计害虫数目。并通过前作物和周围树木的情况,了解病虫感染程度,提出防治措施。

（5）气象资料的收集　向当地的气象台或气象站了解有关的气象资料,如生长期、早霜期、晚霜期、晚霜终止期、全年及各月平均气温、绝对最高和最低的气温、表土层最高温度、冻土层深度、年降雨量及各月分布情况、最大一次降雨量及降雨历时数、空气相对湿度、主风方向、风速等。

2)园林苗圃规划设计的主要内容

（1）生产用地规划

①播种区;

②营养繁殖区;

③移植区;

④大苗区;

⑤试验区;

⑥母树区;

⑦苗木展示区。

（2）辅助用地设置　苗圃的辅助用地主要包括道路系统、排灌系统、防护林带、管理区的房屋等占地,这些用地是直接为生产苗木服务的。

①道路系统设置:

一级路(主干道):是苗圃内部和对外运输的主要道路,多以办公室、管理处为中心。设置一条或相互垂直的两条路为主干道,通常宽6～8 m。

二级路:通常与主干道相垂直,与各耕作区相连接,一般宽4 m,其标高应高于耕作区10 cm。

三级路:是沟通各耕作区的作业路,一般宽2 m。

②灌溉系统的设置:苗圃必须有完善的灌溉系统,以保证水分对苗木的充分供应。灌溉系统包括水源、提水设备和引水设施3部分。

水源:主要有地面水和地下水两类。

提水设备:现在多使用抽水机(水泵)。可依苗圃育苗的需要,选用不同规格的抽水机。

引水设备:有地面渠道引水和暗管引水两种。

明渠:即地面引水渠道。

管道灌溉:主管和支管均埋入地下,其深度以不影响机械化耕作为度,开关设在地端使用方便之处。

③排水系统的设置:排水系统对地势低、地下水位高及降雨量多而集中的地区更为重要。排水系统由大小不同的排水沟组成,排水沟分明沟和暗沟两种,目前采用明沟较多。

④防护林带的设置:为了避免苗木遭受风沙危害,应设置防护林带,以降低风速,减少地面蒸发及苗木蒸腾,创造小气候条件和适宜的生态环境。

⑤建筑管理区的设置:该区包括房屋建筑和圃内场院等部分。前者主要指办公室、食堂、仓库、种子贮藏室、工具房、车棚等;后者包括劳动集散地、运动场以及晒场、肥场等。

4.园林苗圃规划设计成果资料

1)绘制苗圃规划设计图

(1)绘制设计图前的准备　在绘制设计图前首先要明确苗圃的具体位置、圃界、面积、育苗任务、苗木供应范围;要了解育苗的种类、培育的数量和出圃的规格;确定应有建圃任务书、各种有关的图面材料,如地形图、平面图、土壤图、植被图等,搜集有关其自然条件、经营条件以及气象资料和其他有关资料等。

(2)园林苗圃设计图的绘制　在各有关资料搜集完整后,应对具体条件全面综合,确定大的区划设计方案,在地形图上绘出主要路、渠、沟、林带、建筑区等位置;依其自然条件和机械化条件,确定最适宜的耕作区的大小、长宽和方向;再根据各育苗的要求和占地面积,安排出适当的育苗场地,绘出苗圃设计草图;经多方征求意见,进行修改,确定正式设计方案,即可绘制正式图。

2)园林苗圃设计说明书的编写

设计说明书是园林苗圃规划设计的文字材料,它与设计图是苗圃设计两个不可缺少的组成部分,一般分为总论和设计两部分进行编写。

(1)总论　主要叙述该地区的经营条件和自然条件,并分析其对育苗工作的有利和不利因素,以及相应的改造措施。

①经营条件:

a.苗圃位置及当地居民的经济、生产及劳动力情况;

b.苗圃的交通条件;

c.动力和机械化条件;

d.周围的环境条件(如有无天然屏障、天然水源等)。

②自然条件:

a.气候条件;

b.土壤条件;

c.病虫害及植被情况。

(2)设计部分

①苗圃的面积计算。

②苗圃的区划说明：

a.耕作区的大小；

b.各育苗区的配置；

c.道路系统的设计；

d.排灌系统的设计；

e.防护林带及篱垣的设计。

③育苗技术设计。

④建圃的投资和苗木成本计算。

本章小结

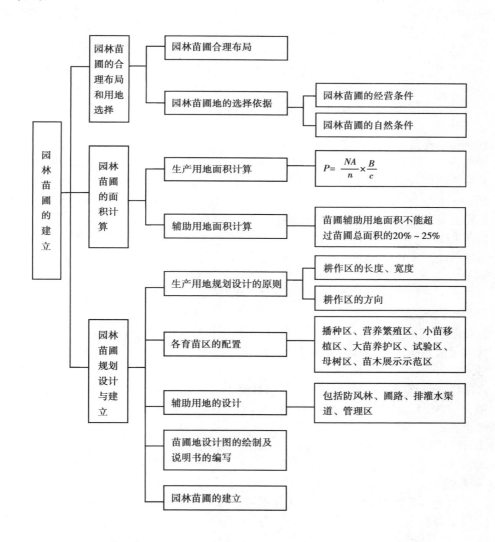

复习思考题

一、填空题

1. 选择园林苗圃时应考虑的主要条件有_____、_____、_____、_____。

2. 苗圃生产辅助用地主要包括_____、_____、_____。

3. 根据育苗生产及管理的需要,苗圃应划分为_____、_____、_____。

4. 园林苗圃灌溉方式分为_____、_____、_____。

5. 苗圃的道路系统分为_____、_____、_____。

6. 一般防护林防护范围是树高的_____倍。

7. 园林苗圃根据面积大小一般可分为大型苗圃面积大于_____ hm^2、中型苗圃面积_____ hm^2 及小型苗圃面积小于_____ hm^2。

二、选择题

1. 园林苗圃生产区用地不得少于苗圃总面积(　　　)。
   A. 45%　　　　　　　B. 55%　　　　　　　C. 65%　　　　　　　D. 75%

2. 下列哪一园林苗圃的道路标高应低于育苗区(　　　)。
   A. 主干环路　　　　　B. 支路　　　　　　　C. 作业道　　　　　　D. 三者均应低于

3. 下列哪一灌溉方式对水资源浪费最为严重(　　　)。
   A. 漫灌　　　　　　　B. 喷灌　　　　　　　C. 滴灌　　　　　　　D. 均一样

4. 园林苗圃中较好的育苗地有机质含量应不低于(　　　)。
   A. 3% ~ 4%　　　　　B. 5% ~ 6%　　　　　C. 7% ~ 8%　　　　　D. 9% ~ 10%

5. 下列不是园林苗圃辅助生产区的是(　　　)。
   A. 防护林带　　　　　B. 排水系统　　　　　C. 行政办公用房　　　D. 积肥场

6. 园林苗圃主干环路标高应高于育苗区(　　　)。
   A. 30 cm　　　　　　B. 20 cm　　　　　　C. 10 cm　　　　　　D. 5 cm

7. 下列哪一指标不属于苗圃指标管理的"三率"范畴(　　　)。
   A. 繁殖苗的成品率　　　　　　　　　　B. 播种苗的出苗率
   C. 移植苗的成活率　　　　　　　　　　D. 养护苗木的保存率

8. 土壤保水、保肥能力和通气、透水能力都很好的是下列哪一类(　　　)。
   A. 沙土　　　　　　　B. 壤土　　　　　　　C. 黏土　　　　　　　D. 均一样

9. 选择建立苗圃时,土壤质地以(　　　)为好。
   A. 壤土、沙壤土、轻壤土　　　　　　　　B. 沙土
   C. 黏土　　　　　　　　　　　　　　　　D. 盐碱土

10. 园林苗圃辅助用地面积不得超过苗圃总面积的(　　　)。
    A. 20% ~ 25%　　　B. 30% ~ 35%　　　C. 40% ~ 45%　　　D. 50% ~ 55%

三、判断题

1. (　　　)选择苗圃时,其水源的含盐量不应超过0.1%。

2. (　　　)园林苗圃管理区面积应占苗圃总面积的20%左右。

3. (　　　)园林苗圃的办公及生活用房应相对集中,占地面积应控制在总面积的1% ~ 2%。

4. (　　　)园林苗圃辅助生产区面积应占苗圃总面积的40%左右。

5. (　　　)园林苗圃的苗木移植作业区适合喷灌灌溉。

6. (   ) 长期种植烟草、玉米、蔬菜等地不宜作为苗圃地。

7. (   ) 苗圃地一般选择肥力较高的黏土。

8. (   ) 苗圃一般选择通透性好的沙土。

9. (   ) 苗圃用作灌溉苗木的水以地下水最好。

10. (   ) 选择苗圃地时要考虑周围是否有病虫害的中间寄主。

11. (   ) 生产用地区划时,大苗区应设置在土壤条件最好处。

四、问答题

1. 计算园林苗圃生产用地的依据包括哪些? 其计算公式是什么?

2. 园林苗圃生产用地包括哪些?

3. 园林苗圃非生产用地(辅助用地)包括哪些? 园林苗圃辅助用地一般不超过苗圃总面积的百分之几?

第2篇
园林苗木培育

3 园林苗木的种实生产

【知识要点】

园林树木的种实是园林苗木培育的基础,种实品质的优劣直接影响苗木的质量。本章主要介绍园林树木的结实规律;种实采收、调制、贮藏以及种子品质检验的具体措施。

【学习目标】

1. 掌握园林树木的结实年龄、结实周期性及影响园林树木开花结实的因素;
2. 能进行园林树木种实的采集、调制、贮藏操作;
3. 会进行种子品质检验。

3.1 园林树木的结实规律

园林树木种实生产 1

3.1.1 园林树木的结实年龄

园林树木是适用于城市园林绿地及风景区栽培应用的木本植物,包括乔木、灌木和木质藤本等多年生多次结实的植物。不同树种、品种,其结实的早晚、结实能力的强弱不同,但都与其个体发育的年龄时期有关,与环境条件、栽培技术也有着密切的联系。

园林树木要经过营养生长、开花结果、衰老更新直至死亡的全过程,这叫做树木的生命周期。园林树木最初的生长发育过程主要是营养物质积累,树木枝干和树冠不断扩大。直至生长发育到一定的年龄且营养物质积累到一定程度后,树木顶端分生组织才开始分化并形成花原基和花芽,逐渐具有繁殖能力,开始开花结实。不同树种开始结实的年龄有很大差异,出现差异的原因首先取决于树种的遗传特性,其次与环境条件有密切的关系。如紫薇 1 年生即可结实,梅花 3~4 年生可开花结实,落叶松 10 年左右开花结实,而银杏则要到 20 年生后才开始开花结实。

园林树木开始结实的年龄决定于树木的生物学特性和环境条件。影响树木开花结实除遗传因素外,一个重要因素是外界环境条件。目前认为栽培管理技术是最重要的因素,园林树木的开花结实可以进行人为控制。一般认为阳光充足和温暖的气候能够促进树木提早开花。

不同树种、品种由于个体的差异性,其结实年龄也存在较大的差异。一般灌木比乔木早,速生树比慢生树早,喜光的比耐阴的早。

3.1.2 园林树木的结实间隔期

园林树木进入结实阶段后,每年结实量常常有很大的差异,有的年份结实少,被称为"小年";有的年份结实多,被称为"大年"。这种结实的数量一年多、一年少,一般总产量相差20%以上的规律性变化称为结实的大小年现象。其相邻的两个大年之间相隔的年限称为"结实间隔期"。

园林树木的结实间隔期是树木本身、环境条件和栽培技术综合作用的结果。树木花芽的形成主要取决于营养条件,结实后由于养分消耗,树势衰弱,尤其是在大年后,树势极度衰弱,严重影响第二年的花芽分化。一般由于树木自身的因素出现的大小年现象,面积不大,而且个体的差异性较大。而不良的外界环境条件,如冻害、风、霜、雪等自然灾害造成树木结实的大小年现象,往往带有地域性,危害的面积很大,造成的后果非常严重。

树木的这种结实间隔现象,可以人为地加以控制和改造,即进行树木结实的大小年改造。改造的一般原则是:大年大肥,小年小肥;大年大剪,小年小剪。大年大肥是指在大年来临前的秋、冬季,应加大施肥量;小年小肥是指在小年来临前的季节,应慎重施肥,施肥的量要少,最好推迟到花期后进行;大年大剪是指在大年来临前的季节,应加大修剪量,这样可以增加分枝的数量,为来年结果做好准备;小年小剪是指在小年来临前的秋、冬季修剪的量要少,最好把修剪时间推迟到花期进行,这样就能够尽可能多地保留开花枝条。通过加强对园林树木的栽培管理,如松土、施肥、整形与修剪、植物激素的应用等,可以克服或者减轻树木的大小年现象,最终达到消除大小年现象,实现园林树木结实的高产、稳产、优质的目标。

3.2 种实的成熟

3.2.1 种实的成熟过程

种实成熟过程是胚和胚乳不断发育的过程。在这个过程中,受精的卵细胞发育形成具有胚根、胚芽、子叶、胚茎等器官的完整的种胚。在种胚各器官形成的同时,胚乳也逐渐积累养分并贮藏起来,以供种胚生活及种子发芽时所需的淀粉、脂肪、蛋白质、矿物盐类等物质。种实的成熟过程,一般表现为干物质的增加和含水率降低。

从种子发育的内部生理和外部形态特征看,种子的成熟包括生理成熟和形态成熟。

1）生理成熟

种实成熟过程中,当内部营养物质积累到一定程度,种胚形成,种实具有发芽能力时,即达到生理成熟。生理成熟的种实含水量高,营养物质还处于易溶状态,种皮不致密,种实不饱满,此时采集种实,容易失水,抗性差,不利于贮藏。但对一些休眠期较长的树种种实,如椴树、山楂、水曲柳等,一般采用随采随播的方法,这样可以提高发芽率。

2)形态成熟

当种实完成种胚的发育过程,营养物质的积累已经结束,含水量下降,内含物由易溶状态转化为难溶的脂肪、蛋白质和淀粉,种实本身的重量不再增加,颜色变深,种皮致密,种实饱满,种实进入休眠状态,外观上具有完全成熟的特征,这时称为形态成熟。大多数园林植物的种实宜选择此时采集。

多数园林树木,其种子达到生理成熟之后,隔一定时间才能达到形态成熟。但有些树种的种子,其形态成熟与生理成熟几乎同时完成,如杨、柳、白榆、泡桐、檫树、台湾相思、银合欢等。也有一些树种,如银杏、七叶树、冬青和水曲柳等,它们的种子先是形态成熟而后是生理成熟。这些树种从外表看种子已达到形态成熟,但种胚并没有发育完全,它们还需要经过一段时间的适当条件的贮藏后,种胚才能逐渐发育成熟,具有正常的发芽能力,这种现象可称为生理后熟。

总的来看,种子成熟应该包括形态上的成熟和生理上的成熟两个方面,只具备其中一个方面的条件时,则不能称为真正成熟的种子。严格地讲,完全成熟的种子应该具备这几方面的特点,即:各种有机物质和矿物质从根、茎和叶向种子的输送已经停止,种子所含的干物质不再增加;种子含水量降低;种皮坚韧致密,并呈现特有的色泽,对不良环境的抗性增强;种子具有较高的活力和发芽率,发育的幼苗能够具有较强的生活力。

3.2.2　种实的成熟特征

鉴别种子成熟程度是确定种实采集时期的基础。依据种子成熟度适时采收种实,获得的种实质量高,有利于种实贮藏、种子发芽及其幼苗生长。绝大多数树种的种子成熟时,其种实形态、色泽和气味等常常呈现明显的特征,不同树种、品种种实的成熟特征不一样。

1)干果类(坚果、翅果、蒴果、荚果)

种实成熟时,种皮由绿色转为黄色、褐色或紫黑色,果皮干燥、硬化、开裂。如香椿、泡桐、乌桕等种实成熟时,种皮变黄或变黑;刺槐、合欢、紫穗槐等的种实成熟时,种皮由青变黄褐、赤褐或红褐色。

2)球果类

果鳞干燥、硬化、变色。如杉木、油松、侧柏等的球果,成熟时由青色变为黄色或黄褐色,果鳞微裂,散出种实。

3)肉质果类(浆果、核果、仁果)

成熟时果皮软化,有些果皮上出现白霜,果皮的颜色随树种的不同有较多的变化。如冬青、南天竹、蔷薇、小檗、火棘等变为朱红色,樟、金银花、小蜡、葡萄等变成红、黄、紫等颜色,大都具有香味或甜味,多自行脱落。

园林树木种实生产
（种实采集、调制与贮藏）2

3.3　种实的采集、调制与贮藏

3.3.1　种实的采集

种实的质量好坏，直接影响播种后的发芽势和发芽率，同时与苗木的生长发育也有着密切的联系。由于园林树木和采收技术的千差万别，很难找出一个适用于所有园林植物种实采收的标准和方法。在采收过程中，最重要的是把握好采收时间和采收方法。

1）优良母本树选择

优良的采种母本树，要求是品种纯正、生长健壮、品质优良、籽粒饱满、无病虫害的单株。选择母本树，最好在母本园内进行。野外采种，应该选择适合当地最优良的类型作为母本树，同时做好记录工作。

2）采收工具

为了提高采种工作效率，保证采种作业安全，要求采种工具轻便、耐用。常用采种工具有：枝剪、高枝剪、钩镰、软梯、升降机和振动机等。

3）采种时期

采种时期的确定主要取决于种子的成熟度、市场情况和栽培目的。生产上说的成熟种实，是指形态成熟的种实。一般种实成熟，多由绿色变成自己固有的色泽，种子充实饱满。栽培在同一个地区的园林植物，其种实从生长到成熟，大致都有一定的时数。

4）采收方法

一般可分为人工采收、机械采收和使用化学药剂采收3种方法。

（1）人工采收　需要很大的劳动力，但对于成熟不一致的种实具有明显的优势。采收时要轻拿轻放，避免机械损伤。

（2）机械采收　可以节省很多劳力。一般使用强风压力机械，迫使种实离层分离脱落。采种后应对种实进行选择，去除不成熟、病虫害危害的种实。

（3）使用化学药剂采收　例如应用萘乙酸、乙烯等药剂，可以使机械采收得到进一步的完善。

根据种实的大小，种实成熟后脱落的习性和时间不同，这类采收又可分为地面收集、植株上采种、伐倒木采种和水上收集。

①地面收集：一般适用于大粒种实。如果地面上无杂草或按照要求进行了硬化，也适用于小粒种实。

②植株上采种：这是最常用的方法，适用于大多数的园林树木种实。

③伐倒木采种：结合采伐工作进行采种是最经济的方法，尤其对种实成熟后不立即脱落的树种，效果更加明显。

④水上收集：一些生长在水边的树种如榆树、赤杨等，种实成熟后自动脱落，常漂浮在水面，可以在水面上收集。

3.3.2　种实的调制

种实调制是指种实采集后，为了获得纯净而优质的种实，并使其达到适于贮藏或播种的程度所进行的一系列处理措施。对于不同类别以及不同特征的种实，具体调制时要采取相应的调制工序。

1）球果类种实的调制

在自然条件下，成熟的种球不断失去水分，果鳞干燥并逐渐反卷开裂，种子从球果中脱出。

（1）自然干燥法　就是将球果放在日光下暴晒或放在干燥、通风处阴干，并要经常翻动球果，至球果鳞片开裂，种子自然脱出。如侧柏、杉木、金钱松等的球果。对于一些较难开裂的球果，可以采用人工敲打的方法来促进球果的开裂。自然干燥的方法，由于受天气条件的影响，一般需要较长的时间，同时，种子容易发生霉变，造成球果的损失。

（2）人工干燥法　人工干燥法是把球果放入干燥室或其他具有升温的设施内进行干燥的方法。人工干燥球果时，要严格控制温度和空气湿度，一般处理落叶松果不得超过45～50 ℃。适宜的温度因树种而异，如落叶松为40 ℃，柳杉为36～40 ℃，樟子松和云杉为45 ℃。采用降低大气压，提高温度的方法，可以加速球果干燥。

为了提高球果的干燥速度，国外有许多国家采用人工加热干燥室，这种干燥室一般有自然通风式干燥室和强制通风式干燥室两种类型。近年来，干燥室发展到能够自动调节温度和湿度，这样就保证了球果的干燥速度和质量，大大提高了种实调制的速度。

2）干果类种实的调制

干果类是指坚果、翅果、蒴果、荚果等。干果类的调制主要包括去除果皮，取种，清除各种碎枝、残叶、泥石、残渣等混合物。一般含水量少的种实，可直接暴晒，含水量高的种实采用阴干法。因果实构造特点不同，具体方法各异。

（1）坚果类　如板栗、茅栗、栎类等的种实，一般含水量较高，阳光暴晒容易失去活性，采种后应及时进行水选或粒选，除去蛀粒，然后放于阴凉、通风处阴干；阴干时要经常翻动，厚度一般不超过20～25 cm，当种实湿度达到贮藏要求时即可贮藏。

（2）翅果类　如臭椿、白蜡、榆树、杜仲等树种的种实，调制时不必脱去果翅，干燥后清除混杂物即可。其中榆树、杜仲一般用阴干法干燥。

（3）蒴果类　如丁香、紫薇、木槿等树种的种实，一般含水量很低，采集后及时暴晒干燥。含水量较高的种实，如油桐、油茶，一般不宜暴晒，可用阴干法脱粒。如杨、柳等较小的种实，一般不用暴晒的方法，应采集到干燥室内进行干燥。泡桐、桉树、香椿等蒴果，晒干后蒴果开裂，种粒即脱出，脱不净的可以轻轻捣碎果皮进行脱粒。

（4）荚果类　如刺槐、皂荚、合欢等树种的种实，一般含水量比较低，用阳干法调制。有些荚果坚硬，如皂荚，可用棍棒敲打进行脱粒。

3）肉质果类种实的调制

肉质果类主要包括核果、仁果、浆果等树种的种实,果皮多系肉质,含有较多的果胶和糖类以及大量水分,容易发酵腐烂,采集后必须及时调制,否则会影响种实的质量。一般捣烂后用水淘洗取出种实,再净种、阴干,当达到适宜的含水量时即可贮藏。

一般供食品加工的肉质果类,如苹果、桃、李、梅等可直接从加工厂取得种实,但需要注意的是,种实在 45 ℃以上的温度条件下将丧失发芽能力。

少数松柏类的种实,具有胶质,用水直接冲洗的效果不好,可以采用一份种实与四五份湿度为 70% ~80% 的湿河沙一同堆放,然后进行搓种,除去假种皮,再干藏。

从肉质果中取得的种子,含水量一般较高,应立即放入通风良好的室内或荫棚下晾干 4 ~5 d,在晾干的过程中,要注意经常翻动,不可在阳光下暴晒或雨淋。当种子含水量达到一定要求时,即可播种、贮藏或运输。

3.3.3　种实的贮藏

种实贮藏的目的主要是保持种实的发芽率,延长种实的寿命,以适应生产的需要。

1）贮藏期中种实的生命活动

园林树木的种实在完全成熟但尚未脱落之前就转入休眠状态,休眠状态一直延续到遇有萌发条件时为止。贮藏期中种实虽然处于休眠状态,但是种实内部仍然进行着微弱的生命活动。首先是微弱的呼吸作用。种实的呼吸作用是一种氧化作用,要消耗贮藏的营养物质。在正常的呼吸过程中,吸收氧,有机物、化合物分解,放出二氧化碳和水,同时产生热能供种实生命活动的需要。呼吸作用越强,贮藏物质消耗越多,从而引起种实重量的减轻和发芽率的降低。因此,控制种实呼吸作用的性质和强度,使种实的新陈代谢活动处于最低限度,是保证种实品质的关键。

2）影响种实生命力的内在因素

种实的寿命是指种实保持生命力的时间,它是一个相对的概念,随树种、品种不同而有很大的差异。一般认为种皮致密、透性较差的种实,如刺槐、皂角等豆科种实的寿命比较长。种皮膜质容易透水的种实,如杨、柳、榆等种实的寿命比较短,通常只有一个月左右。同一树种,由于产地不同,种实的寿命也不同,一般产自北方的种实比产自南方的寿命要长一些。

（1）种实的成熟度　没有充分成熟的种实的种皮厚,易溶物质变成贮藏物质的转化还未完成,容易被微生物感染;同时种实含水量高,呼吸作用强,很难贮藏。因此采种时种实应充分成熟。

（2）种实的含水量　种实含水量的高低直接影响呼吸作用的性质和强度,同时也影响到种实所带微生物和昆虫的活动,是决定种实贮藏性的重要因素。

含水量高的种实,意味着种实中有大量的游离水,酶的活性高,种实的呼吸作用加强。如果呼吸所释放的水、二氧化碳和热不能及时排放,种实堆便会出现自热、自潮和窒息现象,从而影响种实的生命力。在常温下,如果种实的含水量超过 18% ~20% ,几天之内微生物就会繁殖起来。通常认为种实的含水量低于 12% 时,一般的微生物才不可能旺盛活动。种实的含水量低于9%时,才能抑制一般昆虫的生长发育。

含水量低的种实,其水分的主要部分处于胶体结合的状态,称为胶体结合水。胶体结合水基本上不活动,几乎不参与代谢活动,并且在很低温度下也不结冰。种实入库前必须充分干燥,干燥是保持种实生命力,延长种实寿命的重要措施。但是,种实含水量也不是越低越好,有人发现,有的种实的含水量如果低于4%～5%,种实的变质速度比含水量5%～6%时要快一些。

贮藏时维持种实生命力所需要的含水量,称为"种实的标准含水量",也称为安全含水量或贮藏含水量。贮藏得是否安全不仅仅取决于种实的安全含水量,只有在其他条件同时具备的情况下,安全含水量才能起主导作用。根据安全含水量的高低,可以把种实区分为两个大类:一类是耐干燥的种实,例如松、刺槐等园林树木的种实;一类是不耐干燥的种实,例如柑橘、油茶、板栗等。种实处在安全含水量时最适贮藏,能够保持最长时间的生命力,不同树种,其种实的标准含水量也不同(见表3.1)。

表3.1　主要园林树木种实的标准含水量

树　　种	标准含水量/%	树　　种	标准含水量/%	树　　种	标准含水量/%
油松	7～9	杉木	10～12	白榆	7～8
红皮油松	7～8	椴树	10～12	椿树	9
马尾松	7～10	皂荚	5～6	白蜡	9～13
云南松	9～10	刺槐	7～8	元宝枫	9～11
华北落叶松	11	杜仲	13～14	复叶械	10
侧柏	8～11	杨树	5～6	麻栎	30～40
柏木	11～12	桦木	8～9		

(3)机械损伤　由于各种原因造成种实破碎或受伤,微生物容易侵入,氧气易进入种实内部,使呼吸作用加强,这就大大缩短了种实的寿命。

3)影响种实生命力的环境因素

(1)温度　种实的生命活动和温度有密切关系。一般随温度的升高,酶的活性增强,呼吸强度增加,加速贮藏营养物质的转化,不利于延长种实的寿命。温度过高,会使种实蛋白质凝结;温度过低,会使种实遭受冻害。温度过高或过低,都能引起种实的死亡。

种实对高温和低温的抵抗力因种实本身含水量的不同而不同。一般含水量低的种实,细胞液浓度高,抵抗严寒和酷热的能力也强。在各种温度条件下,干燥种实的呼吸强度变化不明显。而含水量高的种实,随温度的升高,呼吸强度开始是直线上升,当温度升到某个极限时,呼吸强度便急剧下降,结果是原生质的结构陷于紊乱,蛋白质解体,种实死亡。因此,贮藏时应尽可能使种实处于较低的温度。一般的种实,贮藏期的适温是0～5℃。现代的种实库具有全自动调节的功能,可以使库房常年维持最适宜的低温。

(2)相对湿度　种实是一种具有多孔毛细管的胶质体,有很强的吸湿能力,能直接从潮湿的空气中吸收水汽。相对湿度越高,种实的含水量增加得越快,就会加快种实的呼吸作用。我国大多数地区相对湿度的最大值出现在夏季,高温而又多湿,是最不利于种实贮藏的季节。相对湿度控制在50%～60%时,有利于大多数园林种实的贮藏。因此,种实入库良好,还必须贮藏在干燥的环境条件下,建立低温而又隔湿的种实库,能够有效地贮藏种实。

(3)空气条件　空气条件对种实生命力的影响程度与种实本身的含水量有关。含水量低的种实,呼吸作用微弱,需氧极少,在不通气的条件下能够长久地保持生命力。含水量高的种实,如果通气不良,由于旺盛的呼吸作用释放出来的水汽、二氧化碳和热量会在种实堆中郁积不散,从而加速种实的变坏。因此,建立低温而又隔湿的种实库是非常重要的。如果没有隔湿、防潮结构的种实库,就应掌握好库内、库外的温差和湿度,合理通风,也可以收到降温散湿、排除二氧化碳的效果。

(4)生物因子　贮藏的种实常常带有大量的真菌、细菌和昆虫,昆虫的活动和微生物的大量繁殖会使种实变质,丧失发芽能力。病虫的繁殖需要一定的条件,因此提高种实的纯度,使种实处在良好的贮藏环境下,是控制病虫危害的重要手段。

综上所述,影响种实生命力的贮藏条件是多方面的,温度、湿度和空气条件三方面是相互影响、相互制约的。在很多情况下,贮藏的环境因子成为种实成败的主要原因。实践表明,在通常情况下,种实含水量是决定贮藏方法、影响贮藏效果的主导因素。因此,加强种实的贮藏管理,能够有效地保存种实的生活力。

4)种实的贮藏方法

贮藏种实常用的方法有干藏法和湿藏法两类。

(1)干藏法　所有安全含水量低的种实都适于在充分干燥之后,贮藏在干燥的环境中。

①普通干藏法:短期贮藏的种实使用普通干藏的方法,就是将充分干燥的种实装入麻袋、筐、桶等容器中,再放入相对湿度为50%以下的冷凉处进行贮藏,如沟藏、窖藏和一般室内贮藏。多数针叶树和阔叶树种实采用此法保存,如木槿、腊梅、紫薇、水杉、杉木、云杉、侧柏等。

②低温干藏法:一般能干藏的园林树木种实都可以应用这种方法,贮藏条件是温度 0 ~ 5 ℃,相对湿度50% ~60%。充分干燥的种实贮藏寿命在 1 年以上,如白蜡、紫荆、侧柏、落叶松、枫香、漆树等。

③密封干藏法:需要长期贮藏的种实,应用一般的贮藏方法效果较差,如桉树、柳树、榆树等。将种实放入陶瓷等容器中,加盖后用石蜡或火漆封口,置于贮藏室内,同时可放一些吸湿剂(如生石灰、木炭等),可延长种实的寿命。

(2)湿藏法　将种实贮藏在一定湿度而又低温、通气的条件下,对于种实标准含水量较高或干藏效果不好的园林树木种实,可以延长种实的贮藏时间。如银杏、南天竹、火棘、玉兰、大叶黄杨等寿命较短的种实,一般多采用湿藏的方法。湿藏法随地区条件而有很多变化。一般可在不加温的室内用湿沙、泥炭或其他保湿而透气的材料与种实混拌后堆放贮藏。种实数量不多,可将种实与河沙等混合后装入能保湿的容器中。为了及时排除种实呼吸所产生的二氧化碳和热,防止干燥,应对种实经常翻动,适时、适量加水。

因此,种实充分干燥入库之后,就要尽量保持贮藏库的干燥。具有脱湿装置的种实库,要求密封防潮。贮藏种实要有严格的制度,入库的种实必须经过检验。种实贮藏的方法多种多样,随着科学技术的发展,人工冷却贮藏、调节气体成分贮藏、减压贮藏、辐射贮藏、电磁贮藏等方法在园林种实的贮藏中的应用越来越多,贮藏的效果将越来越好。

3.4　园林树木种子的品质检验

园林树木种子的品质检验,又称种子品质鉴定。种子的检验是科学育苗不可缺少的环节,通过检验才能了解园林树木种子的质量,评价种子的实用价值,为合理使用种子提供科学依据。种子的品质包括遗传品质和播种品质两个方面。这里所讲述的种子品质检验,主要指种子的播种品质,包括种子的净度、重量(千粒重)、含水量、发芽率、发芽势、生活力、种子健康状况等。

3.4.1　种子净度测定

净度(又称纯度)是纯净种子重量占测定后样品各成分(如纯净种子、其他植物种子和夹杂物)重量总和的百分比。净度是种子播种品质的重要指标。种子净度越高,含夹杂物越少,在种子催芽中不易发生霉烂现象。种子的净度低,含杂质多,在贮藏中不易保持发芽能力,使种子的寿命缩短。因而在种子调制后,要做好净种工作。

3.4.2　种子重量的测定

种子的重量一般是指1 000粒纯净种子在气干状态下的重量,以克为单位,又称千粒重。它说明种子的大小和饱满程度,是种子品质的重要指标。同一树种的种子,千粒重越大,种子质量越好。种子重量的测定,可用百粒重、千粒重和全量法,多数种子应用百粒法。目前,电子自动种子数粒仪是种子数粒的有效工具,可用于千粒重的测定。

3.4.3　种子含水量的测定

种子含水量是指种子中水的质量分数,即种子中所含水分的重量占种子重量的百分比,是影响种子寿命的重要因素之一,在妥善贮存和调运种子时为控制好种子的适宜含水量提供依据。因此,不仅在收购、运输、贮藏前,必须测定种子含水量,而且在整个贮藏过程中也要定期测定种子安全含水量的波动情况。

3.4.4　种子发芽能力的测定

发芽测定的目的是测定种子批的最大发芽潜力,评价种子批的质量。种子的发芽能力是种子播种品质的重要指标,一般用发芽试验来测定。常用的指标有:

1）发芽率

种子发芽率是在规定的条件下及规定的期限内,生成正常幼苗的种子粒数占供检种子总数的百分比。它是播种品质最重要的指标,发芽率的高低直接关系到成苗率的大小。

2）发芽势

发芽势是发芽数达到高峰时,正常发芽种子的总数与供检种子总数的百分比。它是反映种子品质的重要指标,是种子发芽整齐程度的指标。发芽率相同的两批种子,发芽势高的种子品质好,播种后出苗比较迅速、整齐。据观测,发芽势的数值常接近于场圃发芽率。

3）场圃发芽率

在场圃的条件下,发芽种子总数占播种种子总数的百分率,称为场圃发芽率。一般情况下,实验室的发芽率高于场圃发芽率。场圃发芽率由于受环境条件的影响很大,更接近实际,对生产有一定的指导意义。

3.4.5　种子生活力的测定

种子生活力是用染色法测得的种子的潜在发芽能力。在实际工作中,有时由于条件所限,不能进行发芽试验,或者对有些休眠期长的种子,通过生命力测定可测定其潜在的发芽能力。测定出的生活力数值应当与发芽率相近。实际上处在休眠状况下的种子,其生活力的百分数一般高于实验室的发芽率,这时生活力所表示的数值是种子潜在的发芽能力。因此,这也是测定种子品质的一个重要指标。

测定种子生活力的方法很多,目前常用的是用某种化学药剂浸泡种胚,根据种胚、胚乳的颜色来判断种子有无生活力,所以也称染色法。所用的药剂有苯胺染料(靛蓝)、碘-碘化钾、硒盐(或碲盐)、四唑等。近年来又发展使用 X 射线摄影法、紫外线荧光法,其中以染色法最常用。

3.4.6　种子优良度的鉴定

种子优良度即良种率,是指优良种子数与供检种子总数的百分比。

种子优良度的鉴定也称感官鉴定,是根据感觉器官如视觉、触觉、味觉和嗅觉等,通过种子的形态、色泽、气味、硬度来确定种子的品质。例如银杏种子,健全的种粒胚乳饱满,表面呈浅黄色,切开后胚乳呈黄绿色,胚呈浅黄绿色;而低劣的种子,胚乳干瘦,切开后呈石灰状,胚干缩,呈深黄色或僵硬发霉。

种子优良度检验常用的方法有解剖法、挤压法、透明法、比重法等。

实训 1　主要园林树木种实的识别

1. 实训目的

通过对一些主要园林树种的种实外形和剖面特征的观察,以识别各种林木的种实,并为园林种子经营和种子品质检验工作打下基础。

2. 实训材料及器具

(1)材料　本地区有代表性的主要园林种实 10 ~ 20 种。

(2)器具　解剖刀、解剖针、放大镜、解剖镜、镊子、种子检验板(玻璃板)、测尺、玻璃皿、种子标本等。

3. 实训方法

1)种实外部形态观察记载

取供检树种种子若干粒(大小、颜色均匀的种子),放在种子检验板上,用放大镜详细观察其外部形态、构造及种皮颜色,并用测尺测量种粒的大小,找出其相似的特点,填入表 3.2。

表 3.2　种实形态记载表

年　月　日

编　号	树　种	果实种类	种实外部形态				备　注
			大小/cm	形状	色泽	其他	
1							
2							
⋮							

(1)种实大小　用测尺直接量出,但应选能代表一般的种实。

(2)种实形状　按各树种种实外形差异,可分球形、扁平形、卵形、卵圆形、椭圆形、针形、线形、肾脏形等。

(3)其他特征　是指种实表面是否具有绒毛、种翅、钩、刺、蜡质、疣瘤、条纹、斑点等。在进行外部形态观察时还可以看到种脐和种孔等。根据观察简要绘出种实外部形态图。

2)种实的剖面观察

首先选取 2 ~ 3 种有代表性的种实各 10 ~ 20 粒,浸入温水中至膨胀为止,然后取出用解剖刀沿胚轴切开,按表 3.3 的项目进行观察记载。

(1)果皮或种皮　观察其厚度、颜色和质地(木质、革质、纸质、膜质)。

(2)胚乳　首先观察有无胚乳,然后再记载其颜色。

(3)胚　首先记载胚的颜色,然后观察记载子叶数目(应写明单子叶、双子叶或多子叶)。

3)种实的识别

通过以上的观察、记载、绘图,对于识别种实的方法基本掌握,然后再进一步识别已编号的各种种实标本。在识别的过程中应注意掌握其外形的主要特征。

表 3.3　种实解剖特征记载表

年　月　日

编号	树种	果 皮		种 皮		胚 乳		胚		备注
		颜色和质地	厚度/cm	颜色和质地	厚度/cm	有无胚乳	颜色	颜色	子叶数目	
1										
2										
⋮										

　　将形态相似的和不相似的各种种实分别放在一起比较识别,并写出各种种实的名称。

4. 实训报告

　　①完成所指定的林木种实外部形态和内部构造的记载。

　　②简绘各个种实的外形和纵、横剖面图,并标出种实内部各部分的名称和位置。

　　③写出从混合的种子标本中所识别出来的各种种实名称。

实训 2　种子品质鉴定

1. 实训目的

　　种子品质测定包括种子的净度、千粒重、含水量、发芽率、生活力、优良度。通过本实训学会测定、计算种子净度、千粒重、含水量、发芽率、生活力、优良度的方法,并进一步了解种子品质对种子质量的影响关系。

2. 实训材料

　　本地区主要园林树种的种子 2~3 种。

3. 实训内容

1) 种子净度的测定

　　种子净度测定需要用到的器具有:电子天平、种子检验板、直尺、毛刷、小畚箕、胶匙、镊子、放大镜、11 cm 培养器皿、小尺、盛种容器、钟鼎式分样器等。

　　(1)测定样品的提取　将送检样品用四分法或分样器法进行分样。四分法是将种子倒在种子检验板上混拌均匀摆成方形,用分样板沿对角线把种子分成 4 个三角形,将对顶的两个三角形的种子再次混合;按前法继续分取,直至取得略多于测定样品所需的数量为止。测定样品可以是表 3.4 规定重量的一个测定样品(一个全样品),或者至少是这个重量一半的两个各自独立分取的测定样品(两个半样品),必要时也可以是两个全样品(见表 3.4)。

　　样品的称量精度要求如表 3.5 所示。

　　(2)测定样品的分离　将测定样品铺在种子检验板上,仔细观察,分离出纯净种子、其他植物种子、夹杂物 3 部分。分类标准如下:

①纯净种子：

a. 完整的、没有受伤害的、发育正常的种子；

b. 发育不完全的种子和不能识别出的空粒；

c. 虽已破口或发芽，但仍具有发芽能力的种子；

d. 带种翅的种子中，凡加工时种翅容易脱落的，其纯净种子是指除去种翅的种子；

e. 凡加工时种翅不易脱落的，则不必除去，其纯净种子包括留在种子上的种翅；

f. 壳斗科的纯净种子是否包括壳斗，取决于各个种的具体情况：壳斗容易脱落的，不包括壳斗；难于脱落的，包括壳斗；

g. 复粒种子中至少含有一粒种子的。

②其他植物种子：分类学上与纯净种子不同的其他植物种子。

③夹杂物：

a. 能明显识别的空粒、腐坏粒、已萌芽而显然丧失发芽能力的种子；

b. 严重损伤(超过原大小的一半)的种子和无种皮的裸粒种子；

c. 叶片、鳞片、苞片、果皮、种翅、壳斗、种子碎片、土块和其他杂质；

d. 昆虫的卵块、成虫、幼虫和蛹。

表3.4　送检样品与净度测定样品量表

树　种	送检样品重/g	净度测定样品重/g	备　注	树　种	送检样品重/g	净度测定样品重/g	备　注
核桃	>300 粒	>300 粒		黑松			
板栗	>300 粒	>300 粒		云南松	85	35	
银杏、楝树、栎树、油桐、油茶、文冠果	>500 粒	>500 粒		马尾松、思茅松			
				黄山松	100	50	
				白榆	30	15	
红松	2 000	1 000		樟子松	40	20	
华山松	1 000	700		红皮云杉	25	9	
元宝枫、乌柏	850	400		福建柏	60	25	
椴树	500	250		杉木	50	30	
槐树	100	50		兴安落叶松、长白落叶松、日本落叶松	25	10	
水曲柳、檫木	400	200					
油松	100	50					
刺槐	100	50		云杉、鱼鳞云杉	25	7	
白蜡	200	100		水杉	15	5	
臭椿	160	80		木麻黄	15	2	
侧柏	120	60		大叶桉	15	—	
火炬松	140	70		兰考泡桐	6	1	
黄波萝	85	50		青扦、柏木	35	15	
毛竹、紫穗槐	85	50		杨树、旱柳	5	2	

表 3.5　净度分析样品的总体及各个组成成分的称量精度

测定样品重/g （全样品或"半样品"）	称量至小数位数 （全样品或"半样品"及其组成）
<1.000 0	4
1.000~9.999	3
10.00~99.99	2
100.0~999.9	1
≥1 000	0

（3）各成分分别称重　用天平分别称量纯净种子、其他植物种子和夹杂物的重量,称量精度同测定样品。

（4）净度的计算

$$净度 = \frac{纯净种子重}{纯净种子重 + 其他植物种子重 + 夹杂物重} \times 100\%$$

净度分析中各个成分应计算到两位小数,填表时按 GB/T 8170 修约到一位小数。成分少于 0.05% 的,填报为"微量";若成分为零时,用"-0.0-"表示。测定样品各成分的总和必须为 100%,总和是 99.9% 和 100.1% 时,可从百分率的最大值中加减 0.1%。

（5）误差分析　一个全样品法测定时,

　　　实际差距 = 测定样品重 -（纯净种子重 + 其他植物种子重 + 夹杂物重）

　　　容许差距 = 测定样品重 ×5%

实际差距没有超过容许差距,可以计算结果,否则需重做。

两个"半样品"法或两个全样品法测定时,分别算出每个成分的重量占各成分重量之和的百分率(至少保留两位小数),对应的百分数之差是实际差距;用对应的各成分百分数的平均值去查表 3.6,可得到容许差距。如果各成分的实际差距均在容许范围内,可以计算并在质量检验证书中填报每个成分重量百分数的平均值。任何一个成分的分析结果超过了容许差距,均按以下程序处理:

①在使用"半样品"的情况下,再分析一对"半样品"(但总共不必多于 4 对),直至一对"半样品"各成分的差距均在容许范围之内。将其成分的差异超过容许差距两倍的成对样品舍去不计,根据其余各对的数据计算各个成分的百分数的平均值。

②在使用两个全样品的情况下,再分析一个全样品。只要最高值和最低值的差异未超过容许差距的两倍,就取这 3 次分析的平均值填报。

黏滞性种子是指容易相互粘附或易粘附在其他物体上,容易被其他植物种子粘附或容易粘附其他植物种子,不易被清选、混合或扦样的种子。如果全部黏滞性结构(包括黏滞性杂质)占一个样品的三分之一或更多,就认为该样品是有黏滞性。例如冷杉树、翠柏树、雪松树、扁柏树、柏木树、柳杉树、杉木树、落叶松树、云杉树、长叶松、刚松树、黄杉树、红杉树、巨杉树、落羽杉树、铁杉树、槭树、臭椿树、桤木树、桦木树、鹅耳枥树、梓树、石竹树、桉树、水青冈树、银桦树、女贞树、枫香树、鹅掌楸树、悬铃木树、竹类、杨树、香椿树、丁香树、崖柏树、椴树、榆树、榉树等的种实都是黏滞性种子,应用表 3.6 的容许差距时,应当使用黏滞性种子栏的容许误差。

表3.6　同实验室、同送检样品净度分析的容许差距(5%显著水平的两尾测定)

两次分析结果平均		不同测定之间的容许差距			
		半样品		全样品	
50% ~ 100%	< 50%	非黏滞性种子	黏滞性种子	非黏滞性种子	黏滞性种子
1	2	3	4	5	6
99.95 ~ 100.00	0.00 ~ 0.04	0.20	0.23	0.1	0.2
99.90 ~ 99.94	0.05 ~ 0.09	0.33	0.34	0.2	0.2
99.85 ~ 99.89	0.10 ~ 0.14	0.40	0.42	0.3	0.3
99.80 ~ 99.84	0.15 ~ 0.19	0.47	0.49	0.3	0.4
99.75 ~ 99.79	0.20 ~ 0.24	0.51	0.55	0.4	0.4
99.70 ~ 99.74	0.25 ~ 0.29	0.55	0.59	0.4	0.4
99.65 ~ 99.69	0.30 ~ 0.34	0.61	0.65	0.4	0.5
99.60 ~ 99.64	0.35 ~ 0.39	0.65	0.69	0.5	0.5
99.55 ~ 99.59	0.40 ~ 0.44	0.68	0.74	0.5	0.5
99.50 ~ 99.54	0.45 ~ 0.49	0.72	0.76	0.5	0.5
99.40 ~ 99.49	0.50 ~ 0.59	0.76	0.82	0.5	0.6
99.30 ~ 99.39	0.60 ~ 0.69	0.83	0.89	0.6	0.6
99.20 ~ 99.29	0.70 ~ 0.79	0.89	0.95	0.6	0.7
99.10 ~ 99.19	0.80 ~ 0.89	0.95	1.00	0.7	0.7
99.00 ~ 99.09	0.90 ~ 0.99	1.00	1.06	0.7	0.8
98.75 ~ 98.99	1.00 ~ 1.24	1.07	1.15	0.8	0.8
98.50 ~ 98.74	1.25 ~ 1.40	1.19	1.26	0.8	0.9
98.25 ~ 98.49	1.50 ~ 1.74	1.29	1.37	0.9	1.0
98.00 ~ 98.24	1.75 ~ 1.99	1.37	1.47	1.0	1.0
97.75 ~ 97.99	2.00 ~ 2.24	1.44	1.54	1.0	1.1
97.50 ~ 97.74	2.25 ~ 2.49	1.53	1.63	1.1	1.2
97.25 ~ 97.49	2.50 ~ 2.74	1.60	1.70	1.1	1.2
97.00 ~ 97.24	2.75 ~ 2.99	1.67	1.78	1.2	1.3
96.50 ~ 96.99	3.00 ~ 3.49	1.77	1.88	1.3	1.3
96.00 ~ 96.49	3.50 ~ 3.99	1.88	1.99	1.3	1.4
95.50 ~ 95.99	4.00 ~ 4.49	1.99	2.12	1.4	1.5
95.00 ~ 95.49	4.50 ~ 4.99	2.09	2.22	1.5	1.6
94.00 ~ 94.99	5.00 ~ 5.99	2.25	2.38	1.6	1.7
93.00 ~ 93.99	6.00 ~ 6.99	2.43	2.56	1.7	1.8
92.00 ~ 92.99	7.00 ~ 7.99	2.59	2.73	1.8	1.9
91.00 ~ 91.99	8.00 ~ 8.99	2.74	2.90	1.9	2.1
90.00 ~ 90.99	9.00 ~ 9.99	2.88	3.04	2.0	2.2
88.00 ~ 89.99	10.00 ~ 11.99	3.08	3.25	2.2	2.3
86.00 ~ 87.99	12.00 ~ 13.99	3.31	3.49	2.3	2.5
84.00 ~ 85.99	14.00 ~ 15.99	3.52	3.71	2.5	2.6
82.00 ~ 83.99	16.00 ~ 17.99	3.69	3.90	2.6	2.8

续表

两次分析结果平均		不同测定之间的容许差距			
		半样品		全样品	
50%~100%	<50%	非黏滞性种子	黏滞性种子	非黏滞性种子	黏滞性种子
1	2	3	4	5	6
80.00~81.99	18.00~19.99	3.86	4.07	2.7	2.9
78.00~79.99	20.00~21.99	4.00	4.23	2.8	3.0
76.00~77.99	22.00~23.99	4.14	4.37	2.9	3.1
74.00~75.99	24.00~25.99	4.26	4.50	3.0	3.2
72.00~73.99	26.00~27.99	4.37	4.61	3.1	3.3
70.00~71.99	28.00~29.99	4.47	4.71	3.2	3.3
65.00~69.99	30.00~34.99	4.61	4.86	3.3	3.4
60.00~64.99	35.00~39.99	4.77	5.02	3.4	3.6
50.00~59.99	40.00~49.99	4.89	5.16	3.5	3.7

（6）报告内容

①将种子净度的测定结果填入净度分析记录表中（见表3.7）。

②写出测定净度时应注意的问题。

表3.7　净度分析记录表

编号＿＿＿＿＿＿＿＿＿＿

树种＿＿＿＿＿＿＿＿＿　　样品号＿＿＿＿＿＿＿＿＿＿　　样品情况＿＿＿＿＿＿＿＿＿＿＿＿＿

测试地点＿＿＿

环境条件:室内温度＿＿＿＿＿＿＿＿＿＿＿℃;湿度＿＿＿＿＿＿＿＿＿＿＿＿＿＿＿＿＿＿%

测试仪器:名称＿＿＿＿＿＿＿＿＿＿＿＿＿＿;编号＿＿＿＿＿＿＿＿＿＿＿＿＿＿＿＿＿＿＿

方法	试样重/g	纯净种子重/g	其他植物种子重/g	夹杂物重/g	总重/g	净度/%	备注
实　际差　距				容　许差　距			

本次测定:有效　□　　　　　　　　　　测定人＿＿＿＿＿＿＿＿＿

　　　　　无效　□　　　　　　　　　　校核人＿＿＿＿＿＿＿＿＿

　　　　　　　　　　　　　　　　　　　测定日期＿＿＿＿年＿＿＿月＿＿＿日

2)种子千粒重的鉴定

采用百粒法,即从纯净种子中不加选择地取出100粒种子为一组,重复取8组称量,并由此计算出每 1 000 粒种子的重量。

(1)测定样品的选取 将净度测定后的纯净种子铺在种子检验板上,用四分法分到所剩下的种子略大于所需量。

(2)点数和称量 从测定样品中不加选择地点数种子,点数时将种子每 5 粒放成一堆,两个小堆合并成 10 粒的一堆,取 10 个小堆合并成 100 粒组成一组。共取 8 组,分别称各组的重量,记入重量测定记录表 3.8 中。各重复称量精度同净度测定时的精度。

(3)计算千粒重 根据 8 个重量的称量读数求 8 个组的平均重量 $\bar{x}$,然后计算标准差 S 及变异系数 C,公式如下:

$$S = \sqrt{\frac{n(\sum x^2) - (\sum x)^2}{n(n-1)}}$$

式中 x——各重复组的重量/g;

   n——重复次数。

$$C = \frac{S}{\bar{x}} \times 100$$

式中 $\bar{x}$——100 粒种子的平均重量/g。

种粒大小悬殊的种子和黏滞性种子,变异系数不超过 6.0,一般种子的变异系数不超过 4.0,就可计算测定结果。如变异系数超过上述限度,则应再数取 8 个重复,称重并计算 16 个重复的标准差。凡与平均数之差超过两倍标准差的,各重复舍弃不计,将 8 个或 8 个以上的 100 粒种子的平均重量乘以 10(即 $10 \times \bar{x}$),即为种子千粒重。其精度要求与称重相同。

表 3.8 种子千粒重测定记录表

编号_____ 树种_____ 样品号_____ 样品情况_____

测试地点_____ 环境条件:温度_____℃;湿度_____%

测试仪器:名称_____;编号_____ 测定方法_____

重复号	1	2	3	4	5	6	7	8	9	10	11	12	13	14	15	16
各重复组的重量 x/g																
标准差 S																
平均重量/g																
变异系数 C																
千粒重/g ($10 \times \bar{x}$)																

注:第_____组数据超过了容许误差,本次测定根据第_____组计算。

本次测定:有效□ 无效□   测定人_____ 校核人_____

测定日期:_____年_____月_____日

(4)报告内容

①将种子千粒重测定结果填入重量测定记录表中(见表 3.8)。

②写出测定千粒重时应注意的问题。

3)种子含水量测定

种子含水量测定需要用到的器具:干燥箱、温度计、干燥器、称量瓶(或坩埚)、坩埚钳、取样匙、1/1 000 天平、量筒、研钵、变色硅胶、水分测定仪等。

低恒温烘干法测定步骤如下:

(1)样品盒准备　将两个样品盒编号、烘干、称量,记入表3.9中。

(2)提取测定样品　从含水量的送检样品中随机分取两份测定样品,每份样品重量为:样品盒直径小于8 cm时重4~5 g;直径等于或大于8 cm时重10 g。大粒种子(每1 000 g小于5 000粒)以及种皮坚硬的种子(豆科),每个种子应当切成小片,再取5~10 g测定样品,分别装入样品盒后,称重,记下读数。称重以"g"为单位,保留3位小数。

(3)烘干　将装有测定样品的样品盒放入已经保持在103 ℃(±2 ℃)的烘箱中烘17 h(±1 h)。烘箱回升至所需温度时,开始计算烘干时间。达到规定的时间后,迅速盖好样品盒的盖子,并放入干燥器里冷却30~45 min。冷却后,称出样品盒(连盖)及样品的重量,记下读数。

(4)结果计算　含水量以质量分数表示,用下式计算到一位小数:

$$含水量 = \frac{M_2 - M_3}{M_2 - M_1} \times 100\%$$

式中　M_1——样品盒和盖的质量/g;

　　　M_2——样品盒和盖及样品的烘前质量/g;

　　　M_3——样品盒和盖及样品的烘后质量/g。

表3.9　含水量(质量分数)测定记录表

编号_____

树种_____　　样品号_____　　样品情况_____

测试地点_____

环境条件:室内温度_____℃;湿度_____%

测试仪器:名称_____;编号_____

测定方法_____

容器号			
容器重/g			
容器及测定样品原重/g			
烘至恒重/g			
测定样品原重/g			
水分重/g			
含水量/%			
平均/%			
实际差距/%		容许差距/%	

本次测定:有效　□　　　　　　　　　测定人_____

　　　　　无效　□　　　　　　　　　校核人_____

　　　　　　　　　　　　　　　　　　测定日期_____年___月___日

两份测定样品的测定结果不能超过容许差距,容许差距查表3.10。如超过容许差距,必须重新测定。如第二次测定的差异不超过容许差距,则按第二次结果计算含水量。

表3.10 含水量测定两次重复间的容许差距

种子大小类别	平均原始水分		
	<12%	12% ~25%	>25%
1	2	3	4
小种子①	0.3%	0.5%	0.5%
大种子②	0.4%	0.8%	2.5%

注:①小种子是指每1 000 g超过5 000粒的种子。
　　②大种子是指每1 000 g最多为5 000粒的种子。

含水量测定结果在质量检验证书上填报,精度为0.1%。

(5)报告内容

①填写种子含水量测定记录表(见表3.9),并写出计算过程。

②联系生产实际说明种子含水量测定的意义。

4)种子发芽率测定

种子发芽试验中常用的设备有电热恒温发芽箱、变温发芽箱、光照发芽箱、人工气候箱、发芽室等设备设施。发芽床应具备保水性好、通气性好、无毒、无病菌等特性,具有一定强度。常用的发芽床材料有纱布、滤纸、脱脂棉、细沙和蛭石等。

(1)测定样品的提取　用四分法将纯净种子区分成4份,从每份中随机数取25粒组成100粒,共取4个100粒,即为4次重复。

种粒大的可以50粒或25粒为1次重复,样品数量有限或设备条件不足时,也可以采用3次重复,但应在检验中注明。桦树、桉树、杨树等细粒种子可用称量发芽测定法,每个重复称量大约0.25 g,称量精度至毫克,4次重复。

(2)消毒灭菌　为了预防霉菌感染,干扰检验结果,检验所使用的种子和各种物件都要经过消毒灭菌处理。

①检验用具的消毒灭菌。培养皿、纱布、小镊子仔细洗净,并用沸水煮5~10 min。供发芽试验用的恒温箱用喷雾器喷洒福尔马林,密封2~3 d后再使用。

②种子的消毒灭菌。目前常用福尔马林、高锰酸钾等对种子进行消毒灭菌。

a.福尔马林消毒法。将纱布袋连同种子测定样品放入小烧杯中,注入0.15%的福尔马林溶液,以浸没种子为度,随即盖好烧杯。20 min后取出绞干,置于有盖的玻璃皿中闷30 min,取出后连同纱布用清水冲洗数次即可。

b.高锰酸钾消毒法。用0.2%~0.5%的高锰酸钾溶液浸2 h,取出后用清水冲洗数次即可。

(3)浸种　落叶松、油松、马尾松、云南松、樟子松、杉木、侧柏、水杉、黄连木、胡枝子等的种子,用始温为45 ℃的水浸种24 h,刺槐种子用始温80~90 ℃的热水浸种,待水冷却后放置24 h,浸种所用的水最好更换1~2次;杨、柳、桉等则不必浸种。

(4)置床　将经过消毒灭菌、浸种的种子安放在发芽床上。常用的发芽床有纱布、滤纸、脱脂棉。一般中粒、小粒种可在培养皿中放上纱布或滤纸作床。每个发芽床上整齐地安放 100 粒种子,种粒之间保持的距离相当于种粒本身的 1 ~ 4 倍。在培养皿外不易磨损的地方(如底盘的外缘)贴上小标签,写明送检样品号、重复号、姓名和置床日期,以免错乱。最后将培养皿盖好,放入指定的恒温箱内。

(5)发芽测定的管理　经常检查测定样品及发芽环境的温度、水分、通气、光照条件。发芽所用温度执行 GB 2772—1999 中的规定,多数树木种子发芽的适宜温度为 20 ~ 25 ℃。保持发芽床湿润,湿度为 60% ~ 70%。注意充分换气,将感染霉菌的种子及时取出(不要使它们接触健康的种粒),用清水冲洗。发霉严重时,整个滤纸和坐垫甚至整个培养皿都要更换。

(6)观察记载　发芽的情况要定期观察记载,观察记载的间隔时间根据树种和样品情况自行确定,但初次计数和末次计数必须有记载。记载项目按发芽床的编号依次填入表 3.11 中。达到正常幼苗标准的计数后,从发芽床上拣出。

表 3.11　发芽测定记录表

树种_____　样品号_____　样品情况_____　测定地点_____

环境条件:室内温度_____℃;湿度_____%　测试仪器:名称_____;编号_____

预处理_____　置床日期_____　测定条件_____

项目		正常幼苗数/个						不正常幼苗数	未萌发粒分析/粒							
		样品重/g	初次计数				末次计数	合计		新鲜粒	死亡粒	硬粒	空粒	无胚粒	涩粒	虫害粒	合计
日期																	
重复	1																
	2																
	3																
	4																

组间最大差距_____;容许差距_____　　本次测定:有效　□　　无效　□

测定人_____;校核人_____　　测定结束日期_____年_____月_____日

发芽测定的持续天数参见表 3.12 中的"末次计数天数",自置床之日起算,不包括预处理时间。

表现出具有潜力,能在土质良好,水分、温度、光照适宜的条件下继续生长的,成为合格苗木的幼苗。符合下列类型之一的,可以划为正常幼苗:

①完整幼苗:该树种应有的基本结构全都完整、匀称、健康、生长良好。

②带轻微缺陷的幼苗:该树种应有的基本结构出现某些轻微缺陷,但其他方面正常,生长均衡,与同次测定中完整幼苗的其他方面不相上下。

③受到次生性感染的幼苗:显然本该属于上述①类或②类,但受真菌或细菌感染,条件是该粒种子不是感染源。

表 3.12 部分树种发芽测定的主要技术规定

树 种	温度/℃	初次计数天数/d	末次计数天数/d	备 注
银杏	20～30	14	28	1～5 ℃,层积 28 d
柏木	20	20	35	
福建柏	25	14	28	
侧柏	20～25	14	28	始温 45 ℃,水浸种 24 h
湿地松	20～30	14	28	
火炬松	20～30	14	21	1～5 ℃,层积 28 d
杉木	25	10	21	
樟子松	25	10	18	
兴安落叶松	20～25	14	28	始温 45 ℃,水浸种 24 h
金钱松	20～30	21	35	
水杉	25	10	21	
木麻黄	30	7	14	
杜仲	25	14	21	
香椿	25	7	21	
刺槐	20～30	7	14	始温 85 ℃,水浸种 24 h
桉树	25	7	14	称量发芽法
紫穗槐	20～25	7	14	去外种皮,始温 60 ℃,水浸种 24 h
杨树	20～25	7	14	称量发芽法

不正常幼苗表现出没有潜力,在土质良好,水分、温度、光照适宜的条件下不能长成合格苗木。不正常幼苗有 3 种类型:

①损伤苗:任何基本结构缺失,或损伤严重无法恢复正常,不能指望均衡生长。

②畸形苗或不匀称苗:生长孱弱或生理紊乱,或基本结构畸形或失衡。

③腐坏苗:由于原发性感染(即该粒种子就是感染源),该树种的任何基本结构染病或腐坏,停止正常生长。

例如,具有下列情况之一的幼苗为不正常幼苗:

①初生根:生长停滞、粗短、缺失、断折、自顶端开裂、缢缩、纤细、束缚在种皮中、呈负向地性、玻璃状、因原发性感染而腐坏。

②下胚轴、上胚轴和中胚轴:粗短、深度横裂或断折、完全纵裂、缺失、缢缩、极度扭曲、弯曲向下、呈环状或螺旋状、纤细、玻璃状、因原发性感染而腐坏。

③子叶:肿胀或卷曲、畸形、断折或有其他损伤、断裂或缺失、变色、坏死、玻璃状、因原发性感染而腐坏。上述缺陷所占面积超过子叶面积的一半者为不正常,只占一半或不足一半者为正常。只要损伤或腐坏出现在子叶同幼苗中轴的联结点上或茎尖附近,该幼苗属于不正常幼苗。

④初生叶:畸形、损伤、缺失、变色、坏死、外形正常但小于正常大小的 1/4、因原发性感染而腐坏。

⑤顶芽及周围的组织:畸形、损伤、缺失、因原发性感染而腐坏。

⑥芽鞘和第一叶片(棕榈科):

a. 芽鞘。畸形、损伤、缺失、顶端损伤或缺失、极度向下弯曲、呈环状或螺旋状、严重扭曲、从顶端向下开裂长度超过全长的1/3、基部开裂或有其他损伤。

b. 第一片叶。伸展长度不及芽鞘的一半、缺失、撕裂或呈其他畸形。

⑦幼苗整体:畸形、断裂、二苗融合、胚乳环圈不落、黄化或白化、纤细、玻璃状、因原发性感染而腐坏。

发芽结束后,将各重复中的未发芽粒用切开法进行鉴定,分别归成新鲜粒、死亡粒、硬粒、空粒、无胚粒、涩粒、虫害粒等几类并记入表3.11。

(7)计算发芽率

$$F = \frac{n}{N} \times 100\%$$

式中　F——种子发芽率/%;

　　　n——生成正常幼苗的种子数/粒;

　　　N——供检种子总粒数/粒。

发芽率按组计算,然后计算4组的算术平均值。发芽率计算到小数点后一位,以下四舍五入。组间的容许差距如表3.13所示。如果没有超过允许差距,就用各重复发芽百分率的平均数作为该次测定的发芽率。

表3.13　发芽测定容许差距表

平均发芽百分率/%		最大容许差距/%
99	2	5
98	3	6
97	4	7
96	5	8
95	6	9
93 ~ 94	7 ~ 8	10
91 ~ 92	9 ~ 10	11
89 ~ 90	11 ~ 12	12
87 ~ 88	13 ~ 14	13
84 ~ 86	15 ~ 17	14
81 ~ 83	18 ~ 20	15
78 ~ 80	21 ~ 23	16
73 ~ 77	24 ~ 28	17
67 ~ 72	29 ~ 34	18
56 ~ 66	35 ~ 45	19
51 ~ 55	46 ~ 50	20

如果超过容许差距范围,则认为测定结果不正确,应当提取测定样品用原定方法重新测定。如果第二次测定(也可与第一次测定同时进行)的结果和第一次测定间的差距不超过表3.14规定的容许范围,则用两次的平均数作为发芽率。

表 3.14 重新发芽测定的容许差距

两次测定的发芽平均数		最大容许误差/%	两次测定的发芽平均数		最大容许误差/%
98 ~ 99	2 ~ 3	2	77 ~ 84	17 ~ 24	6
95 ~ 97	4 ~ 6	3	60 ~ 76	25 ~ 41	7
91 ~ 94	7 ~ 10	4	51 ~ 59	42 ~ 50	8
85 ~ 90	11 ~ 16	5			

（8）报告内容

①填写种子发芽测定记录表（见表 3.11），计算种子发芽率。

②说明种子发芽率测定在生产工作中的意义。

5）种子生活力测定

种子生活力测定需用的器具及药品:种子检验板、烧杯、解剖刀、小镊子、手持放大镜、量筒、培养皿、解剖针、玻璃棒、胶匙、靛蓝染料、四唑等。

下面以四唑染色法为例对种子生活力测定进行解说。

（1）抽取测定样品 从净度测定后的纯净种子中随机数取 100 粒种子作为一个重复，共取 4 个重复。此外，还需抽取约 100 粒种子作为后备，以便代替取种仁时弄坏的种子。

（2）种子预处理 为了软化种皮，便于剥取种仁，要对种仁进行预处理。较易剥掉种皮的种子，可用始温 30 ~ 45 ℃的水浸种24 ~ 48 h，每日换水，如杉木、马尾松、湿地松、火炬松、黄山松、黄连木、杜仲等。硬粒的种子，如肯氏相思、楹树、南洋楹、银合欢等，可用始温 80 ~ 85 ℃水浸种、搅拌，并在自然冷却中浸种24 ~ 72 h，每日换水。种皮致密坚硬的种子，如孔雀豆、台湾相思、黑荆树、漆树和滑桃树等，可用98%的浓硫酸浸种 20 ~ 180 min 后，充分冲洗，再用水浸种24 ~ 48 h，每日换水。

（3）配药 使用 0.1% ~ 1.0%的氯化（或溴化）四唑水溶液，浓度随树种而略有不同。如果所使用的蒸馏水的 pH 值不在 6.5 ~ 7.5 范围之内，可将四唑溶于缓冲溶液。缓冲溶液的配制方法如下:

溶液 a:在 1 000 mL 水中溶解 9.078 g 磷酸二氢钾（KH_2PO_4）;

溶液 b:在 1 000 mL 水中溶解 11.876 g 磷酸氢二钠（$Na_2HPO_4 \cdot 2H_2O$）或9.472 g 磷酸氢二钠。

取溶液 a 两份和溶液 b 3 份混合，配成缓冲溶液。

在该缓冲溶液里溶解准确数量的四唑盐，以获得正确的浓度。例如，每 100 mL 缓冲溶液中溶入 1 g 四唑盐，即获得1%浓度的溶液。缓冲溶液最好随配随用。剩余的缓冲溶液可在短期内贮于低温 1 ~ 5 ℃的黑暗条件下。

（4）染色前的种子准备 一般的种子可全部剥皮，取出种仁。发现的空粒、腐坏粒和病虫害粒记入表 3.15 中。剥出的种仁先放入盛有清水的器皿中，待一个重复全部剥完后再一起放入四唑溶液中，使溶液淹没种仁，上浮者要压沉。

也可切除部分种子，如女贞树，可以在浸种后在胚根相反的较宽一端横切，将种子切去三分之一。许多树种，如松树和白蜡树的种子，可以纵切，即在平行于胚的纵轴纵向剖切，但不能穿过胚。白蜡树的种子可以在两边各切一刀,但不要伤胚。大粒种子如板栗、锥栗、核桃、银杏等,可取"胚方"。取"胚方"是指经过浸种的种子,切取大约 1 cm² 包括胚根、胚轴和部分子叶(或胚乳)的方块。

(5)染色　将装有种仁和四唑溶液的器皿盖好盖子,4 个重复均贴好标签后,放入培养箱或恒温箱中,保持黑暗,温度为 30～35 ℃。染色时间因树种和条件而异。

(6)结果鉴定　染色结束后,沥去溶液,用清水冲洗,将种仁摆在铺有湿滤纸的发芽皿中,逐一剖开胚乳,使胚露出。胚和胚乳完全染上红色的,是有生活力的种子,还有些种子在胚或胚乳上显现未着色的斑块,表明是一些坏死的组织。判断种子有无生活力,主要是看坏死组织出现的部位和其大小,而不一定在于染色的深浅。

(7)计算生活力　测定结果以有生活力种子的百分率表示。分别计算各个重复的百分率,重复内最大容许差距与发芽测定相同。如果各重复中最大值与最小值之差没有超过容许差距范围,就用各重复的平均数作为该次测定的生活力。如果超过容许差距,与发芽测定同样处理。计算结果按 GB/T 8170 修约至整数。

(8)报告内容

①填写种子生活力测定记录表(见表3.15)。

②写出四唑染色法测定种子生活力的原理。

表 3.15　生活力测定记录表

编号_____

树种_____　　样品号_____　　样品情况_____

染色剂_____；浓度_____

测试地点_____

环境条件:室内温度_____℃;湿度_____%

测试仪器:名称_____；编号_____

重复	测定种子粒数/粒	种子解剖结果/粒				进行染色粒数	染色结果				平均生活力/%	备注
		腐烂粒	涩粒	病虫害粒	空粒		无生活力		有生活力			
							粒数/粒	百分比/%	粒数/粒	百分比/%		
1												
2												
3												
4												
平均												
测定方法												

实际差距_____　　　　容许差距_____

本次测定:有效　□　　　　　　测定人_____

　　　　　无效　□　　　　　　校核人_____

　　　　　　　　　　　　　　　测定日期_____年____月____日

6) 种子优良度测定

对于休眠期长,目前又无适当方法测定其生活力的林木种子,以及在生产上收购种子,需要在现场及时确定种子品质时,可以应用感官鉴定法简便、快速地测定种子优良度。

(1)测定样品的提取和整体观察　从纯净种子中随机抽取 400 粒,分成 4 组,先对种子的外部表现进行观察。例如,种粒是否饱满、整齐,颜色和光泽是否新鲜、正常,是否过潮、过干,有无异常气味,有无感染霉菌的迹象,有无虫孔,有无机械损伤,等等。

(2)优良标准的一般原则　为了使种子内部状况表现得更加明显,可以根据种子的吸水速度浸种 2～4 d,然后分组逐粒纵切。仔细观察种胚、胚乳或子叶的大小、色泽、气味以及健康状况等,凡内含物充实、饱满,色泽新鲜,无病虫害或受害极轻的,都是优良种子。以种实或果实作为播种材料的树种(如楝树),其由二室或多子房组成,只要其中的一枚优良、正常,该果实也属于一粒优良种子。

例如,红松的新鲜种子种壳呈浅红棕色,有光泽;催芽过程中种壳光泽消失,呈栗褐色;拣青早采的种子外壳呈黄白色;好种子内含物饱满充实,有弹性;胚乳表面呈浅黄色,剖面呈浅黄绿色,干后呈乳黄至蜡黄色;种胚呈浅黄绿色,种胚在催芽过程中逐渐伸长肥大,占满整个胚腔;好种子咀嚼时有香味。再如,银杏,新鲜种子外壳(中种皮)呈黄白色,有光泽;内种皮紧贴胚乳;内含物饱满充实,有弹性;胚乳外表呈乳黄色,有光泽;胚乳纵切面呈黄绿色,有汁液;种胚肥大,呈乳黄色。银杏常有无胚的种子。

(3)结果计算　优良种子数占供检种子数的百分比,称为种子的优良度。

(4)报告内容　把种子优良度测定结果填入表 3.16 内。

表 3.16　种子优良度测定记录表

组　号	测定粒数/粒	优良种子粒数/粒	低劣种子粒数/粒			优良度/%	备　注
			空　粒	腐坏粒	涩　粒		
1							
2							
3							
4							
小计							
平均							
测定方法:							

检验员:＿＿＿＿＿　　　　　　　　　　　　＿＿＿＿年＿＿月＿＿日

本章小结

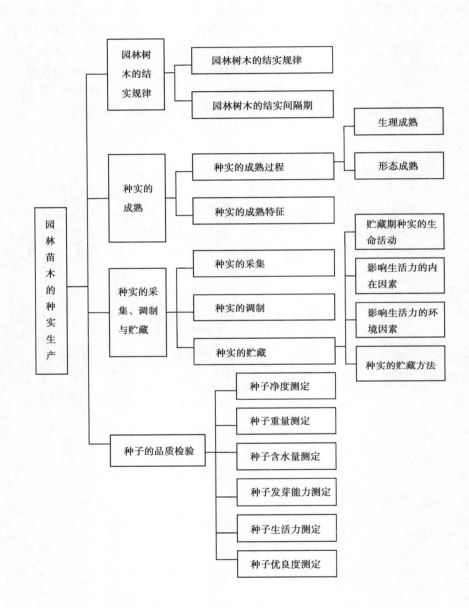

复习思考题

一、名词解释

1.种子生理成熟　2.种子形态成熟　3.种子安全含水量　4.种子净度　5.千粒重

6.种子含水量　　7.发芽率　8.发芽势　9.场圃发芽率　10.种子生活力

11.种子优良度

二、填空题

1.种子的成熟包括_____、_____。

2.影响种子生命力的外在因素包括_____、_____、_____、_____。

3.种子贮藏的方法分_____、_____。

4.干藏法又分_____、_____、_____。

5.种子品质包括_____、_____两方面。

6.种子调制工作的内容包括_____、_____、_____、_____、_____等。

7.球果类种子一般用_____法脱粒,肉质果类采用_____法脱粒,干果类则根据种子的含水量不同,分别采用_____或_____脱粒。

8.净种的方法有_____、_____、_____和_____等。

9.种子贮藏方法有干藏和湿藏,适宜干藏的是_____的种子,适宜湿藏的是_____的种子。

10.干藏法主要有_____、_____、_____;湿藏法主要有_____、_____。

三、选择题

1.下列哪一树种的种子成熟后在母树上宿存不落又不受病虫为害(　　)。

A.刺槐　　　　　　B.合欢　　　　　　C.山桃　　　　　　D.法桐

2.下列哪一因素不是影响种子生命力的内在因素(　　)。

A.种子内含物　　　B.种子含水量　　　C.种子成熟度　　　D.种子发芽率

3.一般种子贮藏的相对湿度条件应为(　　)。

A.30% ~40%　　　B.50% ~60%　　　C.70% ~80%　　　D.90% ~100%

4.下列哪一树种适宜密封干藏(　　)。

A.油松　　　　　　B.板栗　　　　　　C.桑树　　　　　　D.花椒

5.下列哪一树种适宜湿藏(　　)。

A.杨树　　　　　　B.板栗　　　　　　C.桑树　　　　　　D.榆树

6.下列哪一树种不适宜湿藏(　　)。

A.花椒　　　　　　B.板栗　　　　　　C.桑树　　　　　　D.玉兰

7.对休眠期较长的种子进行生命力速测常采用(　　)。

A.胚芽检验法　　　B.靛蓝染色法　　　C.碘化钾染色法　　D.三者均不可以

8.采种母株生长状况应为(　　)。

A.品种优良　　　　B.生长健壮　　　　C.无严重病虫害　　D.三者均是

9.下列哪一因素不是影响种子生命力的外在因素(　　)。

A.光照　　　　　　B.温度　　　　　　C.湿度　　　　　　D.通气条件

10. 一般种子贮藏的温度条件应为（　　　　）。

A. - 10 ~ 0 ℃　　　　　B.0 ~ 5 ℃　　　　　　C.10 ~ 15 ℃　　　　　D.15 ~ 20 ℃

11. 下列哪一因素在影响种子生命力诸多因素中起着主要作用（　　　　）。

A. 种子内含物　　　B. 种子含水量　　　C. 种子成熟度　　　D. 种子发芽率

12. 适合水洗取种的植物为（　　　　）。

A. 万寿菊　　　　　B. 樱桃　　　　　　C. 翠菊　　　　　　D. 串红

13. 睡莲、王莲的种子适宜在（　　　　）中贮藏。

A. 沙　　　　　　　B. 土壤　　　　　　C. 水　　　　　　　D. 地窖

14. 在测定种子发芽率的实验中,下列做法正确的是（　　　　）。

A. 尽量挑选粒大的种子作为样本

B. 为了避免浪费只需取 3 ~ 5 粒种子为测定样本即可

C. 重复测定 1 ~ 2 次,取几次的平均值作为测定结果

D. 为了使测定结果准确至少要取 10 000 粒种子为样本

15. 种子低温贮藏的最适宜温度是（　　　　）。

A.1 ~ 5 ℃　　　　　B.8 ~ 10 ℃　　　　　C.11 ~ 15 ℃　　　　　D.16 ~ 20 ℃

四、判断题

1. (　　　)需从外地调进种子,应考虑调出、调入地环境条件的相似。

2. (　　　)经水浸调制的种子,一般宜在太阳下暴晒晾干。

3. (　　　)贮藏种子的目的是保证种子在贮藏时保持种子生命力不受损伤。

4. (　　　)一般含脂肪、蛋白质多的种子比含淀粉多的种子寿命短。

5. (　　　)不成熟的种子,其种子寿命也较短。

6. (　　　)对于一些种粒小、种皮薄、易吸水的种子宜密封干藏。

7. (　　　)种子千粒重小,说明种子个大、充实饱满。

8. (　　　)一般情况下,被靛蓝染色的种子是有生命力的种子。

9. (　　　)对于不脱皮不影响发芽的翅果类种子脱粒时只需除去果梗及果枝等杂质即可。

10. (　　　)种子晾晒,晒得越干越好。

11. (　　　)杨柳、榆树的种子种皮薄且不致密,保护性能差,故种子寿命长。

12. (　　　)在种子调制晾晒时,应使种子含水量达到标准含水量的要求。

13. (　　　)凡是含水量低的种子都可以采用湿藏法贮藏。

14. (　　　)靛蓝染色法适用于大多数针叶树种子的生命力速测。

15. (　　　)榆树为翅果,属于干果类,所以可以采用阳后贮藏。

五、问答题

1. 园林树木为什么会出现结实大小年现象? 生产中采取什么措施可以减轻或消除大小年现象?

2. 如何确定种子是否成熟?

3. 种实的成熟一般包括哪两个过程?

4. 种子贮藏的方法有哪些? 各适宜于哪些树种?

5. 影响种子生活力的内在因素都有哪些?

6. 影响种子生活力的环境因素都有哪些?

7. 种子品质检验工作的意义是什么? 检验项目有哪些?

4 播种苗培育技术

播种苗培育 1

【知识要点】

本章主要介绍播种育苗的主要生产环节,即播种前的种子处理、播种地的准备、播种期和播种量的确定,播种方法和播种工序以及播种后的田间管理技术。

【学习目标】

1. 掌握播种繁殖育苗基本知识,播种方法和播种工序;
2. 掌握播种方法及播种后的管理操作规程;
3. 熟练进行种子处理、苗木播种操作。

用种子繁殖所得的苗木称为播种苗或实生苗。这是苗木繁殖中最常用和最基本的方法。播种繁殖主要有以下特点:

①方法简便易行,繁殖系数大,种子采集、贮藏、运输都很方便,一次繁殖可获得大量的苗木。

②播种苗木根系发达,生长旺盛,寿命长,对不良生长环境抗性强,适应性较强。

③播种繁殖的变异性大,特别是杂种幼苗由于遗传性的分离,可生产出一批更新类型的品种,为选种、育种、苗木驯化提供大量素材。这在杂交育种和引种驯化上有很大意义。但由于播种产生的实生苗遗传变异性大,不易保留园艺品种的优良特性,所以观赏价值较高的一些园艺品种扩繁,不采用种子繁殖的方法。

④播种繁殖的实生苗发育期较长,开花、结果较晚,对要求尽早观花、观果的一些苗木一般不采用种子繁殖。

4.1 播种前的准备工作

播种前的准备工作包括土壤准备和种子准备,目的是为了提高种子发芽率,使出苗整齐,苗木生长健壮。

4.1.1 土壤准备

土壤准备包括土地选择、整地、施肥、土壤消毒、做床或做垄等,目的是创造一个良好的土壤肥力条件,保证苗木顺利出土,减少病虫害,便于苗期管理。

1)土地的选择

播种用地的选择是给种子发芽创造有利条件的前提。特别是地势、土壤以及排灌系统等,都应尽可能符合播种的要求。播种区应选择地势高并具备排水及灌溉条件的地块,避免因地势低洼或排水不利,使幼苗遭受涝灾;土壤质地应以砂质壤土为最好;土壤化学性质应考虑偏中性、无盐分积累为宜。若有些条件不具备应及时改造或补充。

2)整地

整地主要包括耕、耙、镇压3个环节。一般实行秋耕,翻地深度25～35 cm。春耙是指通过耙地,耙碎土块,斩断草根,耧平地面。耙后要镇压,以蓄水、保墒。要求达到深耕、细耙,清除草根杂物,使土壤上松下实,平整细碎。

3)施基肥

基肥是播种前施用的肥料,目的是长期不断地供给苗木养分和改良土壤。基肥要以有机肥为主,并配合施以化肥。有机肥含有多种营养元素和大量的有机质,而且有改良土壤的效果,是理想的基肥。施用的有机肥,要彻底腐熟和细碎。每667 m^2 施5 000 kg,撒施后翻耕。

4)土壤消毒

土壤是传播病虫害的主要媒介,也是病虫繁殖的主要场所。许多病菌、虫卵和害虫都在土壤中生存或越冬,而且土壤中还常有杂草种子。土壤消毒可控制土传病害,消灭土壤中有害生物,为园林植物种子和幼苗创造有利的土壤环境。土壤常用的消毒方法如下:

(1)火焰消毒 在我国,一般采用燃烧消毒法,即在露地苗床上,铺上干草,点燃可消除表土中的病菌、害虫和虫卵,翻耕后还能增加一部分钾肥。在日本,用特制的火焰土壤消毒机(汽油燃料),使土壤温度达到79～87 ℃,既能杀死各种病原微生物和草籽,也可杀死害虫,而土壤有机质并不燃烧。

(2)蒸汽消毒 以前是利用100 ℃水蒸气保持10 min,既会把有害微生物杀死,也会把有益微生物和硝化菌等杀死。现在多用60 ℃水蒸气通入土壤,保持30 min,既可杀死土壤线虫和病原物,又能较好地保留有益菌。

(3)溴甲烷消毒 溴甲烷是土壤熏蒸剂,可防治真菌、线虫和杂草。在常压下,溴甲烷为无色无味的液体,对人类剧毒,临界值为0.065 mg/L,因此,操作时要佩戴防毒面具。一般用药量为50 g/m^2。将土壤整平后用塑料薄膜覆盖,四周压紧,然后将药罐用钉子钉一个洞,迅速放入膜下,熏蒸1～2 d,揭膜散气2 d后再使用。由于此药剧毒,必须经专业人员培训后方可使用。

(4)甲醛消毒 40%的甲醛溶液称福尔马林,用50倍液浇灌土壤至湿润,用塑料薄膜覆盖,经两周后揭膜,待药液挥发后再使用。一般1 m^3 培养土均匀撒施50倍的甲醛400～500 mL。此药的缺点是对许多土传病害,如枯萎病、根癌病及线虫等,效果较差。

(5)硫酸亚铁消毒 用硫酸亚铁干粉按2%～3%的比例拌细土,撒于苗床,每公顷用药土

150 ~ 200 kg。

（6）石灰粉消毒　石灰粉既可杀虫灭菌，又能中和土壤的酸性，南方多用。一般每平方米床面用 30 ~ 40 g，或每立方米培养土施入 90 ~ 120 g。

（7）硫磺粉消毒　硫磺粉可杀死病菌，也能中和土壤中的盐碱，多在北方使用。用药量为每平方米床面用 25 ~ 50 g，或每立方米培养土施入 80 ~ 90 g。

此外，还有很多药剂，如锌硫磷、代森锌、多菌灵、绿亨 1 号、氯化苦、五氯硝基苯、漂白粉等，也可用于土壤消毒。近几年，我国从德国引进一种新药——必速灭颗粒剂，是一种广泛性的土壤消毒剂，已用于高尔夫球场草坪、苗床、基质、培养土及肥料的消毒。使用量一般为基质 1.5 g/m² 或 60 g/m³，大田 15 ~ 20 g/m²，施药后要过 7 ~ 15 d 才能播种，此期间可松土 1 ~ 2 次。育苗土用量少时，也可用锅蒸消毒、消毒柜消毒、水煮消毒、铁锅炒烧消毒等方法。

5）做床、做垄

为了给种子发芽和苗木生长创造良好的条件，需要根据种子的大小、播种方式在育苗地上做床或做垄。

（1）做床　做床播种适宜于培育生长缓慢、需要精细管理的小粒种子和珍贵树种，如松类、云杉、冷杉、泡桐、杨、柳、连翘等。播种床有高床、低床之分。其具体做法是：

①高床：一般怕涝树种、发芽出土较困难而需细致管理的树种，或播种区的地势较低、排水条件较差，都应采用高床播种方式。生产技术规范要求：床面可高出地面 20 cm 左右。为管理操作方便，床心宽为 1 m，床边宽 10 cm，床总宽为 1.2 m。床长度视播种区大小而定，为管理方便一般床长设计为 15 ~ 20 m。两床之间设作业道兼作排水沟，作业道宽 40 ~ 50 cm。高床播种给管理带来一些不便，尤其是灌水，要求床面整平，有条件的应采用喷灌。

②低床：喜湿的树种种粒细小，出苗困难，宜采用低床播种，播后需精细管理。北方干旱、不易涝洼的地区，常用低床方式。床面低于作业道的称为低床。低床床面一般低于作业道 15 cm。低床的规格为，床心宽 1 m，床背宽 30 ~ 40 cm，床背高 15 ~ 18 cm，床长度视管理条件确定，一般为 15 ~ 20 m。

（2）做垄　做垄属于大田育苗方式，适应性广，应用很普遍。垄有高垄、低垄之分。

①高垄：高垄方式播种适合中粒及大粒种子，这些种苗生长势旺，不需精细管理。对一些肉质根、怕涝的树种也应用高垄形式播种。高垄播种因床面高于地面，灌水时不会造成垄面淤水，从而避免土壤板结，有利于种子发芽出土。因垄播给种子发芽造成了一个土壤结构疏松、透气性好、地温较高的环境，种子发芽快，出土整齐，根系发达。高垄播种的不足之处是单位产苗量低，但给养护管理带来了很多方便，中耕除草、掘苗等作业可使用机械或畜力来完成，节约了劳力，提高了劳动效率。高垄播种更便于排、灌，苗木不易发生旱、涝灾害。

a. 高垄的规格要求。垄距一般为 60 ~ 70 cm，垄高 20 ~ 25 cm，垄面宽 20 ~ 25 cm；垄长视管理条件来定，一般为 20 ~ 25 m，最长不超过 50 m。

b. 做高垄的作业程序。先按垄距规定划线，然后用机械或人工沿线往两侧翻土，培高垄背。

c. 做高垄的技术要求。垄背边培边踏实，避免灌水后坍塌；垄背、垄底相对水平，略有落差。

②低垄：低垄的规格和高垄基本相同，只是垄高在 10 cm 左右，略高出地面。播种前可不必先做好垄，可先划好做垄的规格线，播种时按线开沟播种。一般多用于大粒种子和发芽能力较强的中粒种子，如核桃、紫槐、榆叶梅等。

4.1.2　种子准备

1）种子精选

为了获得纯净、优质的种子,防止霉菌传染其他种子,在播种前要进行种子精选,清除种子中的各种夹杂物,如种翅、鳞片、果皮、果柄、枝叶碎片、瘪粒、碎粒、石块、土粒等,同时要清除霉烂的种子及异类种子。精选后提高了种子纯度,有利于种子播后发芽迅速,出苗整齐。

种子精选的主要方法有:

(1)风选法　包括用簸箕风选、风扇及卷扬机风选。用簸箕选种,多适于较小粒种子和一些松树种子;用风扇、卷扬机多适用于较重的中粒种子,如国槐、刺槐、紫藤、皂角等。

(2)水选法　此法比较精确,不但能清除各种杂物,而且能将绝大多数的秕种、虫蚀种精选出去。此法适用于海棠、杜梨、樱桃、青桐、栾树等,但水浸种子的时间不可太长,以防种子吸水过多,影响贮存。

(3)粒选法　此法只适用于种粒较大或少量珍贵的种子,如核桃、七叶树、银杏等。粒选法优点很多,不但能选出不合乎质量的种子,而且能按种子大小分开等级,分别播种,使出苗整齐,生长发育一致,提高苗木的质量。但此法较费工。

2）种子消毒

种子表面有多种病菌存在,土壤中也存有各种病菌。播种前对种子要进行消毒,可杀死种子本身所带的病菌,保护种子免遭土壤中的病虫侵害。这是育苗工作中一项重要的技术措施,它可分为浸种消毒和拌种消毒两种方法。

(1)浸种消毒　把种子浸入一定浓度的消毒溶液中,经过一定时间,杀死种子所带病菌,然后捞出阴干待播或进行催芽,这个过程称为浸种消毒。常用的浸种消毒方法有:

①硫酸铜消毒:用0.3%~1%的硫酸铜溶液浸种4~6 h。

②高锰酸钾消毒:用0.5%的高锰酸钾溶液浸种2 h,或用3%的高锰酸钾溶液浸种0.5 h,再用清水洗净残药,捞出阴干后播种或催芽。注意当种子萌动后,不宜用高锰酸钾消毒,以免烧伤胚根。

③福尔马林消毒:用0.15%的甲醛溶液(用1份福尔马林原液兑水266份)浸种15~30 s,取出密闭2 h,再阴干后即可播种。注意这种方法浸种后的种子不适宜积存,否则会降低种子的发芽率,一般在播种前1~2 h进行消毒。

④石灰水消毒:消毒前先把种子浸入清水5~6 h,然后放在1%~2%的石灰水溶液里浸种消毒0.5 h,最后捞出用清水冲洗。

⑤托布津溶液消毒:消毒前先把种子浸入清水5~6 h,然后放在200倍的托布津溶液里浸种消毒15 min,最后捞出用清水冲洗。

⑥退菌特溶液消毒:消毒前先把种子浸入清水5~6 h,然后放在800倍的退菌特溶液里浸种消毒15 min,最后捞出用清水冲洗。

(2)拌种消毒　把种子与混有一定比例药剂的园土或药液相互掺合在一起,以杀死种子所带病菌和防止土壤中的病菌侵害种子,然后共同施入土壤。

①敌克松拌种:药量为种量的 0.2% ~0.5%。具体做法是:将 90% 的敌克松粉剂混 10 倍左右的细土,配成药土进行拌种。这种方法对预防立枯病效果良好。

②五氯硝基苯拌种:药量为种量的 0.2% ~0.5%。具体做法是:将 75% 的五氯硝基苯粉剂混 10 倍左右的细土,配成药土进行拌种,拌种后堆起并盖膜密封 24 h,再进行催芽或播种。

③其他常用的拌种药剂:赛力散(磷酸乙基汞)、西力生(氯化乙基汞)、呋喃丹、3911、福美锌、退菌特、敌百虫、二氯苯醌等。

对耐强光的种子还可以用晒种的方法对其进行晒种消毒,激活种子,提高发芽率。

种子消毒过程中,应该注意药剂浓度和操作安全。

3)种子催芽

园林树木有些种子具有坚硬种皮和厚蜡质层,不能吸水膨胀;有些种子休眠期长,播后自然条件下发芽持续的时间长,出苗慢;有些种子播种后发芽受阻,出苗不整齐等。为了播种后能达到出苗快、齐、匀、全、壮的标准,最终提高苗木的产量和质量,一般在播种前需要进行催芽处理。常用的催芽方法有:

(1)浸种催芽　催芽原理是种子吸水后种皮变软,体积膨胀,打破休眠,刺激发芽。浸种时的水温和时间对催芽效果影响很大。

按水温不同可将浸种分为:

①开水浸种:90 ~100 ℃,适宜种皮特别坚硬致密的树种,如紫藤、皂角、刺槐、合欢、榆叶梅等。

②热水浸种:60 ~70 ℃,适宜种皮坚硬致密的树种,如紫荆、国槐、紫穗槐、胡枝子等。

③温水浸种:40 ~50 ℃,适宜种皮较厚的树种,如落叶松、油松、华山松、侧柏、桑、臭椿、元宝枫、白蜡、海棠、杜梨等。

④冷水浸种:20 ~30 ℃,适宜种皮薄、种粒小的树种,如杨、柳、榆、梓树、暴马丁香、紫薇、水杉、法桐、锦带花、桦木、溲疏、核桃等。

浸种时间一般为 1 ~2 昼夜。种皮薄的小粒种子缩短为几个小时;种皮厚的、坚硬的,如核桃,为 5 ~7 h。

浸种催芽操作应注意以下几项:

①浸种时种子和水的容积比例一般以 1:3 为宜。

②热水浸种应边倒水边搅拌,维持时间为 3 ~5 min,然后使其自然冷却;开水浸种时边倒开水边搅拌,维持 1 ~3 min,及时加凉水降温至常温。

③对一些硬粒种子,可采用逐批水浸方法。如刺槐种子,热水浸泡至自然冷却,1 昼夜后,把已经膨胀漂浮的种子捞出进行催芽,将剩余的硬籽用相同方法再浸泡一两次。分批催芽,既节约了种子,又可出苗整齐。

④对浸泡时间较长的种子应每天换水,水温保持在 20 ~30 ℃。

⑤浸泡过的种子已经吸水膨胀,应不间断地保持其环境湿度、温度、透气,进行催芽。环境条件的保证,可用沙藏法,也可用麻袋、草袋分层覆盖法。

(2)伤皮催芽法　也叫破种,原理是擦破种皮,使种子增加透性,更好地吸水膨胀,便于萌发。采用的方法有机械搓伤法和化学物质腐蚀法。

①机械搓伤法:用外力将种皮破坏。种子数量多时可用机械破种,种子数量少时可用砂纸、剪刀或砖头破壳,也可将种子外壳剥去(需当即播种)。如对漆树、黄连木等用温水浸泡后,将

种子与沙子混装,然后反复揉搓至表皮不再光滑为止。

②化学物质腐蚀法:具有坚硬种壳的种子,可用有腐蚀性的酸、碱溶液浸泡,使种壳薄,增加透性,促进萌发。如漆树、黄连木、木兰等,用温热的1%的碱水,或1%的苏打水,或2%的氨水等浸泡12 h。对于种皮特别坚硬的皂角、柳叶腊梅、山楂等,可用95%的浓硫酸浸泡30~120 min,或用10%的氢氧化钠浸泡24 h左右,捞出后用清水冲洗干净,再进行催芽处理或播种。

(3)层积催芽法　层积催芽法是将种子和湿润物混合,放置于一定温湿度和氧气条件下的处理方法。此法是完成种子后熟,解除种子休眠的重要方法。它分为低温层积处理和高温层积处理。

①低温层积处理:也叫层积沙藏。方法是秋季选择地势高燥、排水良好的背风阴凉处,挖一个深和宽各约为1 m,长约2 m的坑,种子用3~5倍的湿沙(湿度以手握成团,一触即散为宜)混合,或一层沙一层种子交替;也可装于木箱、花盆中,埋入地下。坑中插入一束草把,以便于通气。层积期间温度一般保持在2~7 ℃,如天气较暖,可用覆盖物保持坑内低温。春季播种之前半月左右,注意勤检查种子情况,当裂嘴露白种子达30%以上时,即可播种。

a. 沙藏时间。沙藏时间依树种而异,短期沙藏:30~40 d,树种有油松、落叶松、樟子松、云杉、黑枣、杜鹃、文冠果、青桐等;中长期沙藏:50~60 d,树种有女贞、海棠、山丁子、杜梨、黄波萝、黄栌、扑树等;长期沙藏:100 d以上,树种有红松、栾树、山茱萸、蜡梅、椴树、桧柏、山楂等。

b. 沙藏种子的技术要求。沙藏种子要持续保持适宜的湿度和透气性良好的环境。沙藏种子在容器内应定时翻倒,避免局部温度、湿度不均,产生差异而导致发芽不整齐。翻倒过程也是透气过程,使种子得到充分的呼吸条件。种子沙藏一般都遵循树种原来的自然环境生长规律,所以要按不同树种的生理遗传特性在沙藏的时机上加以区分。有些树种的种子采下后即刻进行,有的可以干藏保存一段时间,有的需要经过热季沙藏,有的需要经过冰冻沙藏,不能一概而论。沙藏过程要有作业记录,及时掌握种子发芽进程。根据树种不同,当发芽率达到10%~30%时,催芽停止,及时播种下地。沙藏过程出现烂种现象,应及时处理,拣出烂种,分析烂种原因,严重的要更换经过消毒的沙藏基质。

②高温层积:在浸种之后,用湿沙与种子混合,堆放于温暖处,保持20 ℃左右,促进种子发芽。层积过程中要注意通气和保湿,防止发热、发霉或水分丧失。同样,当裂嘴露白种子达30%以上时,即可播种。

(4)激素催芽法　即用一定浓度的激素溶液浸种催芽。使用最多的激素是赤霉素和ABT生根粉。

赤霉素能诱导多种水解酶的产生,提高种子的生理活性,打破种子休眠。应用赤霉素溶液浸种应掌握的原则是:对被迫休眠的种子,以0.001%~0.003%的低浓度浸泡;对生理休眠的种子,用0.01%~0.3%的高浓度浸泡。

ABT生根粉是广谱型系列生根剂,主要作用是诱导植物生根,也可以用于浸种催芽,其中ABT6号、7号生根粉可分别用0.001%~0.003%和0.002%~0.005%的溶液浸种2~24 h。

(5)其他处理　除以上常用的催芽方法外,还可用微量元素的无机盐处理种子,进行催芽,使用药剂有硫酸锰、硫酸锌等。也可用有机药剂处理种子,如酒精、胡敏酸、酒石酸、对苯二酚、萘乙酸、吲哚乙酸、吲哚丁酸、2,4-二氯苯氧乙酸等。有时也可用电离辐射处理种子,进行催芽。

播种苗培育技术2

4.2　播种育苗技术

播种育苗技术是培育播种苗的一个重要环节,它包括播种期的确定、播种量的计算和采用正确的播种方法,保证播种质量,保证播种苗优质高产。

4.2.1　播种时期

适时播种是育苗取得成功的重要一环,它不仅能促使种子提早萌发,发芽率高,而且可以延长苗木生长期,缩短出圃期限,保证苗木健壮,提高抗逆性。因此,必须根据树种的生物学特性和当地的气候条件,选择适宜的播种期。我国南方,全年均可播种;在北方,因冬季寒冷,露地育苗则受到一定限制,确定播种期是以保证幼苗能安全越冬为前提。生产上,播种季节常在春、夏、秋 3 季,以春季和秋季为主。如果在设施内育苗,北方也可全年播种。

1)春播

一般树种多用春播,春播的具体时间应掌握其发芽出土要躲避开当地的晚霜。只要地温达到了种子萌芽的标准,应是越早越好,以增加出土幼苗的年生长量。春播有生理休眠的种子时,播前应做好低温沙藏和催芽工作,以提高发芽率和发芽势。

2)秋播

一般大、中粒种子或种皮坚硬且有生理休眠特性的种子,适宜秋播,如麻栎、杏、花椒、银杏、板栗、红松、水曲柳、白蜡、椴树、胡桃楸、文冠果、榆叶梅等。秋播时机应掌握在晚秋、冬季来临之前,一般在土壤冻结以前,越晚越好。否则,播种太早,当年发芽,幼苗会受冻害。秋播可以起到低温沙藏处理种子和催芽的作用。秋播的种子在翌年春季地温上升后,可不失时机地萌芽出土,因符合自然生长规律,苗木生长健壮;秋播还可减少翌年春忙季节的工作量。秋播应注意保护好种子在田地里过冬,一是覆土应适当加厚,避免失水,开春后可去掉过厚的覆土,便于种子萌芽出土;二是冻水应浇灌好;三是要防鸟害、鼠害。

3)夏播

对那些种子生活力较弱、寿命短、种子含水量大、失水后即丧失发芽力或不易贮藏的树种种子,应采后立即播种,如杨、柳、榆、桑等。此外,还有一些种皮透水性差、生理休眠时间较长的种子,也可采用夏播。如桧柏、山楂、水枸子等,经过相当于高温沙藏后,又经过冬季低温沙藏,翌年春即可萌芽出土。

4)冬播

实际上是春播的提早,秋播的延续。适于南方育苗采用。

5)随采随播

有些树种如蜡梅、白玉兰、广玉兰、枇杷等,因种子含水重大,失水后容易丧失发芽力或寿命缩短,采种后最好随即播种。

4.2.2　播种方法

生产上播种时首先要确定合理的播种量,再针对具体条件采用适宜的播种方式。

1)播种量

确定合理的播种量是生产壮苗的前提,其后随着幼苗的生长采取必要的技术措施,如早间苗、晚定苗,加强水肥管理、中耕除草等工作,确保生产出合格的壮苗。播种量是指单位面积或长度上播种种子的重量。适宜的播种量既不浪费种子,也有利于提高苗木的产量和质量。播量过大,浪费种子,间苗也费工,苗木拥挤和竞争营养,易感病虫,苗木品质下降。播量过小,产苗量低,易生杂草,管理费工,也浪费土地,经济效益会下降。

计算播种量的公式是:

$$X = C\frac{AW}{PG \times 1\,000^2}$$

式中　X——单位面积或长度上育苗所需的播种量/kg;

　　　A——单位面积或长度上产苗数量/株;

　　　W——种子的千粒重/g;

　　　P——种子的净度/%;

　　　G——种子发芽率/%;

　　　C——损耗系数;

　　　$1\,000^2$——常数。

损耗系数因自然条件、圃地条件、树种、种粒大小和育苗技术水平而异。一般认为,种粒越小,损耗越大。损耗系数 C 的变化范围大致如下:

①大粒种子(千粒重在 700 g 以上)$C = 1$;

②中粒种子(千粒重为 3 ~ 700 g)$1 < C < 2$;

③小粒种子(千粒重在 3 g 以下)$C = 10 ~ 20$。

2)播种方式

播种的方式应根据种子的特性、萌芽特点、幼苗生长习性及生产条件而定。生产上常用的播种方式有撒播、条播和点播。

(1)撒播　将种子均匀地撒于苗床上,然后用覆土镇压,称为撒播。撒播适用于小粒种子,如松类、杉类、黄杨、杨树、柳树、泡桐、悬铃木、白桦、紫薇等。撒播的优点是产苗量高,土地利用率高。其缺点是用种量大,中耕除草、病虫防治、起苗等管理操作较费工,易造成土壤板结,苗木通风、透光不良,生长势减弱,或产生大小苗的两极分化。

撒播的技术要求如下:

①撒种一定要均匀,对带绒毛或特别细小的种子可掺入细沙播种。

②覆土要均匀,厚度应是种子粒径的 2 ~ 3 倍。

③根据种子发芽情况及播种环境,确定合理的播种量,防止出苗过密,影响小苗生长。

(2)条播　按一定的行距将种子均匀地撒在沟内,称为条播。播幅为 3 ~ 5 cm,行距 15 ~ 25 cm。条播适用于中粒种子,如刺槐、侧柏、松、海棠等。条播的优点是:比撒播省种子;苗带之间有一定间距,可通风透光;小苗生长有一定营养空间,提高了苗木质量;便于养护管理作业,便于简单的机械化操作。条播的缺点是,产苗量不如撒播高。

条播又分为单行、双行、带状条播,经常结合床播、垄播同时进行。

条播的技术要求如下:

①根据不同树种确定播种带宽度及行距,行向为南北向。

a. 单行条播。适用于生长快的乔木类树种,如白蜡、刺槐、元宝枫等树种。

b. 双行条播。适用于中、小粒种子及生长较慢的树种,如针叶树种。

c. 带状条播。与床播、垄播结合进行,适合中、小粒种子树种,如侧柏、桧柏、紫薇等,播种带幅 10 cm 左右,开沟撒种后覆土、压实。

②控制单位长度播种量,过密会给间苗作业带来过多的工作量,也会影响小苗的生长。

（3）点播　按一定的株行距将种子播于播种沟、穴内,然后覆土,称为点播。点播适用于大粒种子和发芽势强、幼苗生长旺盛的树种及一些珍贵树种,如核桃、七叶树、桃、杏、银杏、油桐等。一般最小行距不小于 20 cm,株距不小于 10 ~ 15 cm。点播的优点是节约种子,幼苗有充分的营养空间,生长苗壮;缺点是较费工,容易出现缺苗现象。点播常用于精细播种,大田播种较少应用。

点播的技术要求如下:

①为保证出苗率,每穴位置放 2 ~ 3 粒种子,发芽力强、有保证的可放 1 粒。

②摆放种子时,种子应侧放,使种子的尖端与地面平行。这便于胚根入土,胚芽萌发出土。

③覆土厚度一般要求为种粒直径的 1 ~ 2 倍,播后镇压。

4.3　播种育苗管理

从种子播种到苗木出圃,由于外界环境影响和自身发育期的要求不同,而表现出不同的特点。针对不同的发育特点和对外界环境条件的要求,采取切实有效的抚育措施,才能培育出优质壮苗。播种育苗管理主要包括幼苗出土前的管理和幼苗出土后的管理两部分。

4.3.1　幼苗出土前的管理

这个阶段的管理要求是:保持种子所处环境的湿度、温度、透气性,促使种子尽快萌发成苗。播种后的苗床管理主要内容有覆盖保墒,灌水,调整覆土厚度或松土,预防虫、鸟为害等。

1) 床面加覆盖物

床面加覆盖物多用于小粒种子。由于覆土薄,土壤表面很容易干燥,床面应加覆盖物。

（1）床面加覆盖物的作用

①减少土壤水分过度蒸发，避免已经开始萌芽的种子失水造成损失。

②减少灌水次数，防止床面板结，有利于小苗出土。

③可以控制地温，如透明的塑料膜可以增加地温，遮阳的覆盖物可以降低地温。

④可以控制光照，如气温较高时，地温完全可以满足种子萌芽需要，遮阳覆盖可制造一个持续的阴湿环境，有利于出苗。

生产中常用的床面覆盖材料有苇帘、地膜、塑料布、干草、锯末、稻草、麦草、苔藓、水草或松枝之类。

（2）播种后覆盖的技术要求

①覆盖不能太厚，以免使土壤温度降低或土壤过湿，延迟发芽时间。出苗后，要及时稀疏或移去覆盖物，防止影响幼苗出土。

②遮阳覆盖时要注意：一是萌芽陆续开始后，要适时撤除覆盖物，避免形成"豆芽菜"；二是适时灌水，使根部基质严实。

③复合覆盖：即先覆盖苇帘，上面再盖塑料地膜。这样既可达到保湿、增温目的，又可避免阳光直射，产生日灼伤害，还可防晚霜危害。同样应注意适时、逐步撤除覆盖物，炼壮苗。

④对有些萌芽需要光线和需一定积温的种子，如桦木、五针松、绣线菊、桧柏等，不宜使用遮阳覆盖。

2）喷水灌溉

对未加覆盖物进行常规管理的播种区，苗床干燥会妨碍种子萌发。因此，除灌足底水外，在播种后、出苗前，应适当补充水分，保持土壤湿润，以促进种子萌发。灌水以不降低土壤温度，不造成土壤板结为标准。苗床灌水最好采用喷水方法，少用地面灌溉，以防止种子被冲走或发生淤积现象。垄播、高床一般可采取侧方灌水的方法，但必须注意不要漫过垄面或床面，应是使垄面洇湿，种子周围的土壤不会造成板结。

3）调整覆土厚度或松土

播种后覆土的目的是为了保护待萌芽的种子，使其有一个持续适宜的温、湿度环境。但覆土如果过厚、薄厚不均，或覆土板结，都会给种子出土的一致性带来困难。在种子萌芽出土前，应对种子覆土进行整理。应在种子开始陆续出土时，经常检查，对覆土过厚处及时清理，遇局部板结、萌芽出土困难的，及时打碎或去除板结块，帮助萌芽出土。

松土也是苗床管理的一个重要内容，可使种子通气条件改善，减少土壤水分蒸发，削减出土的机械障碍。松土宜浅不宜深，以防伤及幼苗根系。

一些种粒较大的松类树种，如油松、白皮松等，属于子叶出土类型的树种，其幼苗出土时，种皮不易开裂，很多顶着种壳出土。如覆土较厚，幼苗很难突破土面，往往造成弯曲、折断。对此情况，应精细管理，帮助幼苗顺利出土。

4）预防鸟、兽、虫为害

很多种子含有油脂，散发清香，极易招来老鼠、地下害虫、鸟等的危害，应采取恐吓、驱赶等措施进行有效的保护。

4.3.2　幼苗出土后的管理

幼苗出土后的管理应根据苗木习性的不同有所区别。目的是促进小苗正常生长,提高其生长量;保护小苗不受伤害,提高其存活率。

1)遮阴

一般树种在幼苗期间都不同程度地喜欢庇荫环境,特别是一些喜阴树种,如白皮松、冷杉、云杉、猕猴桃、女贞等。这些树种小苗其嫩茎易受强光烧伤枯萎,在小苗出土后需一段时间的遮阳,促其正常生长。这种措施符合其自然条件下的生活规律。遮阳设施一般使用活动的或固定的荫棚。遮阳透光率以50%～70%为宜,材料为苇帘或市售遮阳网。

2)灌水

灌水主要做到几个区别对待:

(1)喜湿和耐干旱的树种区别对待　针叶常绿树种如油松、白皮松等,易染立枯病,应控水;土壤含水量大时易黄化的树种,如刺槐、海棠、梨、山楂、玫瑰等,应控水。

(2)不同质地土壤区别对待　沙质土地应增加灌水次数,粘质土壤应控水。

(3)不同抗性树种区别对待　如抗寒性较差的树种,为防止播种小苗后期徒长,影响苗木越冬,增强其抗寒性,应在夏、秋季控水。

3)间苗

间苗是规范播种小苗的营养空间的作业。它是以育苗规范的单位面积产苗量为依据的,根据不同树种的单位面积产苗量,计算出留存小苗的行株距。间苗的目的是既要保证播种小苗的最佳营养空间,又要保证单位面积产苗量。

间苗的技术要求是:

①间苗一般不一次到位,往往是进行1～2次,有时进行3次才最后定苗、定位,避免因过早定位后,再遭遇病、虫及人为的为害后而无法挽救。

②间苗时机宜早,不宜迟,不同树种因其生长特点不同,间苗时间不同。第一次间苗在苗高5 cm时进行,苗高达到10 cm时进行第二次间苗,即为定苗。通过第二次间苗,一般能达到单位面积产苗量的密度要求。宜早,就是不失时机地进行疏苗,尽早给定位的小苗创造宽裕的营养空间,使其苗壮生长。

③间除对象是密集在一起的苗、受病虫害的苗、生长势弱的苗、受机械损伤的苗,最终存留健壮苗,使其保持一定间距。

④间苗时一般都适当地多留一些苗,作为安全系数。这些苗不宜过多,一般都存留在苗床边行,用作最后补苗。

⑤间苗可以和抹苗同时进行。抹苗就是将间除的还有价值的小苗,按一定株行距及时重新进行栽植养护,避免浪费。间苗后应及时浇水,淤塞苗根孔隙。

4)补苗

补苗是补救小苗出土不齐、缺行断垄的一项措施。其技术要求是:

①补苗和间苗作业可同时进行,既可间除过密苗,又可补救出苗不齐的不足。

②补苗时期越早越好，以减少根的大量损伤。早补不但成活率高，其后期生长与原床苗差异不大。

③补苗时由于幼苗根系较小，主根、侧根尚不发达，故可不带土坨。移补苗时必须灌足底水，利用小工具协助，将小苗轻轻拔起，及时栽植在缺苗处。技术上要求做到"水里来，泥里去"。

④补苗作业最好选在阴雨天或16:00以后进行，避免强烈阳光，防止失水，有一夜时间缓苗。对一些娇嫩小苗，可在补苗后2~3 d遮阳，以提高移植成活率。

5) 幼苗移栽

床播育苗初期，小苗在种床上集中培育，便于采取精细的抚育管理。但随着幼苗生长，相互之间挡风遮光，营养面积缩小，如不及时移栽分开，苗木就会生长不良，拥挤徒长，病虫害也会严重发生，因而要及时进行移栽。

（1）移栽时期　幼苗移栽一般是在幼苗长出1~4片真叶，苗根尚未木质化时进行。

（2）移栽方法　移栽前，要小水灌溉，等水渗干后再起苗移栽。起苗移栽最好在早晨、傍晚或阴雨天进行。不论带土移栽或裸根移栽，起苗时绝不能用手拔，一定要用小铲，在苗一侧呈45°入土，将主根切断。其目的是控制主根生长，促进侧根、须根生长，提高苗木质量。裸根起苗后，最好将裸根蘸泥浆，以延长须根寿命。在拿提小苗时，捏着叶片而不要捏着苗茎，因为叶片伤后还可再发新叶，苗茎受伤后小苗就会死亡。栽植的深度与起苗前小苗的埋深一致，不可过深或过浅。栽后及时灌水，并注意遮阳2~3 d。移栽量应考虑比计划产苗量要多出5%~10%。

6) 截根

截根主要是截断苗木的主根，其作用是除去主根的顶端优势，控制主根的生长，促进侧根和须根生长，扩大根系的吸收面积；同时，由于截根暂时抑制了茎、叶生长，使光合作用产物对根的供应增加，使根茎比加大，利于苗木后期生长。通过截根，还可以减少起苗时根系的损伤，提高苗木移植的成活率。

苗木截根主要适用于条播的苗木，特别是主根发达、侧根较少的树种，如松、栎、樟树等。截根的时间，宜选择在秋季苗木停止生长以后，或春季苗木萌动以前。并根据树种确定截根的深度，一般为10~15 cm。截根可采用截根刀，从苗床表面下截断主根，也可用铁锹在苗旁10 cm处向土中呈45°斜切，以断主根。截根后应立即灌水，并增施磷、钾肥，促使苗木增长新根。

7) 施肥

（1）肥料种类

①有机肥料：苗圃常用的有机肥有人粪尿、厩肥、堆能、泥炭肥料、绿肥、饼肥等。有机肥的肥效长，并能改善土壤的性质，促进土壤微生物的活动，发挥土壤的潜在肥力。

②无机肥料：常用的无机肥料以氮肥、磷肥、钾肥三类为主，此外还有铁、硼、锰、硫、镁等微量元素。无机肥料易溶于水，肥效快，易为苗木吸收利用。但长期大量使用无机肥料，易造成苗圃土壤板结、坚硬，因此最好要有足够的有机肥料作基肥，再适当使用无机肥料。

③生物肥料：生物肥料是指在土壤中存在着的一些对植物生长有益的微生物。将其从土壤中分离出来，制成生物肥料，如细菌肥料、根瘤菌剂、固氮细菌、真菌肥料（菌根菌）以及能刺激植物生长并能增强抗病力的抗生素5406等。

（2）施肥的时间和方法

①施基肥：一般在耕地前，将腐熟的有机肥料均匀地撒在圃地上，然后随耕地一起翻入土中。

②施追肥：追肥分为土壤追肥和根外追肥。土壤追肥可施有机肥，也可施化肥，如稀释的粪水、尿素等，一般都随水追施。如追施固态肥料，可挖穴或开沟深施，施后浇水。根外追肥，可用一定浓度的氮、磷、钾和微量元素溶液，直接喷洒在苗木的茎叶上。利用植物的叶片能吸收营养元素的特点，采用液肥喷雾的施肥方法。常用的肥料有尿素、磷酸二氢钾、硫酸钾等。施肥时间一般在清晨或傍晚。肥料浓度一般在 0.1% ~ 0.5%，浓度太大易产生烧苗现象。喷叶背的效果好于叶面。

8）中耕除草

这是一项费时、费力的重要工作。利用浅层耕作，疏松表土层，减少土壤水分的蒸发，促进土壤空气流通，有利于微生物的活动，提高土壤中有效养分的利用率，促进苗木生长。

9）防霜防寒

早春播种苗出土后，小苗很嫩，细胞含水量较大，极易受晚霜危害；秋梢在入冬时如不能完全木质化，抗寒力低，易受冻害。

（1）常采用的防霜措施

①熏烟法：常用于平原地区。在预报有霜冻的夜晚，等夜间气温降到 3 ℃时，组织人员将树枝、叶、烂草、枯秆、锯末等堆在小苗区的上风头，点燃，使烟雾覆盖苗床。要求做到火小、烟大，保持有较浓的烟幕，一直保持到第二日出后 1 ~ 2 h。

②灌溉防霜：在霜冻来临之前，进行灌水，增加小苗环境的含水量，即增加土壤湿度和空气湿度。因水的热容量较大，霜冻来临后降温较慢，从而起到了保护小苗的作用。

③覆盖防霜：主要用于播种面积小的地块。在霜冻预报之后，用蒲包片、草帘、塑料膜等将小苗盖好。注意要设支撑物，防止压断小苗。

（2）常用的防寒措施

①灌冻水：入冬前将苗木灌足冻水，增加土壤湿度，保持土壤温度，减少冻害的可能性。灌冻水时间不宜过早，一般在封冻前冻融交替的时候进行。

②假植：结合第二年的春季移植，将苗木在入冬前挖出，按不同规格分级埋入假植沟或窖中假植。

③埋土或培土：在土壤封冻前，将小苗顺着有害风向依次按倒用土埋上，土厚一般为10 cm左右，翌春土壤解冻时除去覆土并灌水。对较大的苗木，不能按倒的，可在根部培土。

④苗木覆盖：冬季用稻草或落叶等把幼苗全部覆盖起来，翌春土壤解冻时除去覆盖物并灌水。

⑤设风障：用高粱秆、玉米秆、稻草等在苗木北侧与主风向垂直的地方架设风障。两排风障间的距离，一般为风障高度的 2 ~ 10 倍。

10）病虫害防治

主要应注意地下害虫，地下害虫一般不容易防治，而且对小苗危害极大。对小苗期易发生的苗木病害，如立枯病、猝倒病、根腐病，要及时喷施杀菌剂防治。

11) **其他管理**

在苗床管理期间,常会遇到下列异常幼苗,应及时采取相应措施处理:

(1)戴帽苗 由于床土过干,覆土太薄,种子出苗时种壳粘附子叶随苗出土,这样会使子叶受损,产生徒长苗。因此,播种后应保持苗床湿润,覆土要适中。另外,有些种子如女贞、棕榈等,在播种前要做破壳处理。戴帽苗出现后,可在清晨苗湿润时细心剥除种壳。

(2)高脚苗 由于种子播撒量大,出苗后床温过高或通风不良,造成徒长而成高脚苗。因此,要视苗床面积播撒种子,出苗后要控制苗床温度,加强通风、透光;同时视情况适当间苗或喷洒矮壮素、多效唑等,以控制生长高度,但要注意使用浓度,宜低不宜高。

(3)萎蔫苗 由于连续阴雨低温而突然转晴,全部揭开覆盖物后易造成萎蔫,因此,覆盖物应逐步揭开。当然,萎蔫也可能是其他原因造成的。

(4)老化苗 在进行蹲苗时,由于长时间干旱而形成老化苗。因此,蹲苗时要控温不控水,淡肥勤施,以达矮化促壮之目的。

(5)肥害或药害苗 由于施肥(药)过频或过量,造成土壤溶液中盐分(药剂)浓度过大,而引起小苗萎蔫等症状。发生后,要用清水喷洒和薄灌,冲淡盐分,稀释药剂。

实训 1 苗圃整地做床

1. 实训目的

掌握整地、做床的方法,为播种、扦插育苗做准备。

2. 实训用具

铁锹、耙子、皮尺、木桩、绳。

3. 实训方法与步骤

1) **整地**

(1)清理圃地 清除圃地上的树枝、杂草等杂物,填平起苗后的坑穴。

(2)浅耕灭茬 消灭农作物、绿肥、杂草茬口,疏松表土,浅耕深度一般为5~10 cm。

(3)耕翻土壤 用拖拉机或锄、镐、锹耕翻一遍。耕地时在地表施一层有机肥,随耕翻土壤进入耕作层。必要时拌入药土(呋喃丹、福尔马林等)进行消毒。

(4)耙地 耙碎土块,混合肥料,平整土地,清除杂草。

(5)镇压 在春旱风大地区或土壤孔隙度大时,可用石磙或重物轻轻镇压;黏重地或土壤含水量较大时,一般不进行镇压。

2) **做床**

(1)方法 首先用皮尺确定苗床、步道的位置、大小,然后在苗床的四角钉木桩,拉绳,起土做床。

(2)种类

①高床。床面高出步道20 cm,床面宽100 cm,步道宽约40 cm。

②低床。床面低于步道15 cm,床面宽100 cm,步道宽40 cm。

3）要求

①以实习小组为单位，每组做一个高床和一个低床，床长分别为 10 m 和 5 m。

②要做到床面平整，土壤细碎，土层上松下实，床面规格整齐、美观。

③各小组成员要明确分工，密切配合，培养团队合作精神。

④注意安全，工具要按正确方法使用及放置。

实训 2 播种技术

1. 实训目的

了解种子休眠的原因，掌握播种前种子处理和土壤处理的主要方法和播种的基本操作技能，了解影响苗木发芽的重要因素。

2. 实训材料与用具

（1）材料 准备的各种种子。

（2）用具 耙子、开沟器、镇压板（碌）、秤、量筒、盛种容器、筛子、稻草、喷水壶、塑料薄膜等。

3. 实训方法

1）播种前准备

（1）做床 露地播种前，选择地势高又干燥、平坦、背风、向阳的场所设置苗床。土壤经翻耕耙细，做床，宽 1.2 m，保持床面疏松平整。根据种子大小采用撒播、条播或点播。大粒种子播后适当覆土，细小种子只需轻压，不覆土。播后喷水、盖草、保湿，或用薄膜覆盖。

（2）种子消毒 花木常带有一些真菌、细菌或病害，为了预防病菌传播，在播前需要进行消毒。种子消毒有浸种消毒和拌种消毒两种方法。

（3）种子催芽 通过人为措施，为种子发芽创造适宜条件，打破种子休眠状态，促进种子发芽。这可使幼苗适时出土，出苗整齐，提高发芽率，并可增加苗木抗性。可以采用水浸催芽，即用水浸泡种子，这适用于短期休眠的种子。浸种水量一般是种子容积的 3 倍，种子浸入后要不断搅拌，直至水温不烫手为止。每天换 1～2 次水，保证水中有足够氧气，有利种子发芽。当种子吸水膨胀后捞出，或层积或置于潮湿的环境中发芽。

2）播种

将种子按床的用量等量分开，用手工进行播种。按种实的大小确定播种方法。撒播时，为使播种均匀，可分数次播种，要近地面操作，以免种子被风吹走；若种粒很小，可提前用细沙或细土与种子混合后再播。条播或点播时，要先在苗床上按一定的行距拉线开沟或划行。开沟的深度根据土壤性质和种子大小而定，将种子均匀地撒在沟内，或按一定株距摆在沟内。

3）覆土

播种后应立即覆土。一般覆土厚度为种子短轴直径的 2～3 倍。

4）镇压

播种覆土后应及时镇压，将床面压实，使种子与土壤紧密结合。

5) 覆盖

镇压后,用草帘、薄膜等覆盖在床面上,以提高地温,保持土壤水分,促使种子发芽。

6) 灌水

用喷壶将水均匀地喷洒在床面上;或先将水浇在播种沟内,再播种。灌水一定要灌透,一般苗床上 5 cm 要保证湿润。

4. 实训报告

①设计某一种类植物播种育苗的全过程,按先后时间循序安排工作。

②以组为单位,进行播种后管理,并将措施记录整理。

③以组为单位检查成活率,记录实训成绩。

本章小结

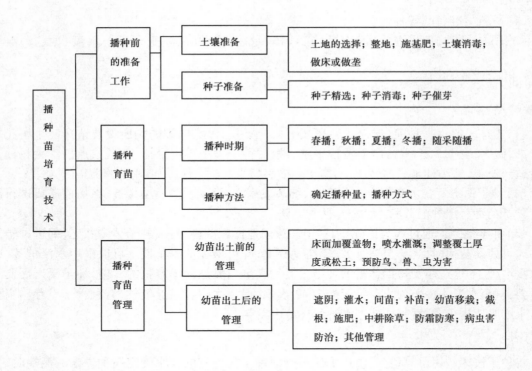

复习思考题

一、名词解释

1. 播种繁殖　2. 种子休眠　3. 种子催芽　4. 浸种催芽　5. 层积催芽　6. 播种量

二、填空题

1. 播种地的整理应重点做好的 3 项工作是＿＿＿＿＿、＿＿＿＿＿、＿＿＿＿＿。

2. 播种方法应根据_____、_____、_____、_____而定。

3. 常用的播种方法有_____、_____、_____。

4. 播种量计算的参数有_____、_____、_____、_____、_____。

5. 露地播种的程序：_____、_____、_____、_____。

6. 间苗的原则是_____、_____、_____、_____。

三、选择题

1. 下列哪一点是苗木有性繁殖的特点(　　　)。

A. 抗性差　　　　　　B. 寿命短　　　　　　C. 变异性大　　　　　　D. 开花结实早

2. 下列哪一树种的种子适宜 90～100 ℃开水浸种(　　　)。

A. 杨树　　　　　　　B. 刺槐　　　　　　　C. 法桐　　　　　　　　D. 侧柏

3. 下列哪一树种的种子适宜冷水浸种(　　　)。

A. 合欢　　　　　　　B. 刺槐　　　　　　　C. 法桐　　　　　　　　D. 紫藤

4. 浸种时种子和水的容积比例一般以(　　　)为宜。

A. 1∶1　　　　　　　B. 1∶2　　　　　　　C. 1∶3　　　　　　　　D. 1∶4

5. 沙藏时种子和湿沙的容积比例一般以(　　　)为宜。

A. 1∶1　　　　　　　B. 1∶2　　　　　　　C. 1∶3　　　　　　　　D. 1∶4

6. 下列哪一树种的种子适宜长期沙藏(　　　)。

A. 油松　　　　　　　B. 落叶松　　　　　　C. 杜鹃　　　　　　　　D. 桧柏

7. 下列哪一树种的种子适宜短期沙藏(　　　)。

A. 油松　　　　　　　B. 红松　　　　　　　C. 山楂　　　　　　　　D. 桧柏

8. 沙藏催芽，当种子发芽率达到(　　　)时催芽停止。

A. 10%～30%　　　　B. 30%～50%　　　　C. 50%～70%　　　　　D. 70%～90%

9. 下列哪一播种期不适宜北方室外播种(　　　)。

A. 春播　　　　　　　B. 秋播　　　　　　　C. 夏播　　　　　　　　D. 冬播

10. 下列哪一树种不适宜夏播(　　　)。

A. 杨树　　　　　　　B. 油松　　　　　　　C. 桑树　　　　　　　　D. 榆树

11. 下列哪一树种不适宜秋播(　　　)。

A. 杨树　　　　　　　B. 银杏　　　　　　　C. 核桃　　　　　　　　D. 山杏

12. 下列哪一树种适宜点播(　　　)。

A. 核桃　　　　　　　B. 泡桐　　　　　　　C. 悬铃木　　　　　　　D. 杨树

13. 撒播的覆土厚度应为种子粒径的(　　　)倍。

A. 2～3　　　　　　　B. 3～4　　　　　　　C. 5～6　　　　　　　　D. 7～8

14. 种子萌发的内在条件是(　　　)。

A. 适宜的温度　　　　B. 适当的水分　　　　C. 充足的氧气　　　　　D. 新鲜的种子

15. 种子贮藏的理想条件是(　　　)。

A. 干燥、高温、通风　　　　　　　　　　　B. 干燥、低温、密闭

C. 湿润、高温、通风　　　　　　　　　　　D. 畏寒、喜光、忌肥

四、判断题

1. (　　　)对于浸泡时间较长的种子，应每天换一次水。

2. (　　)硫酸浸种催芽多用于种皮不坚硬的种子。

3. (　　)苏打水浸种可以去掉种皮油脂并使其种皮软化。

4. (　　)用甲醛消毒过的种子应马上播种。

5. (　　)对催过芽的、胚根已突破种皮的种子宜用高锰酸钾溶液消毒。

6. (　　)喜湿、种粒细小的种子,宜采用高床播种。

7. (　　)一般大中粒种子或种皮坚硬且有生理休眠特性的种子适宜夏播。

8. (　　)点播摆放种子时,应注意让种子缝合线和地面垂直。

9. (　　)在计算播种量时,同一树种在不同条件下数值可不同。

10. (　　)播种苗生长速生期需要大量的 K 肥,生长后期以 N 肥为主,P 肥为辅,减少 K 肥。

11. (　　)播种时覆土的厚度为种子直径的 5 倍。

12. (　　)镇压可以破碎土块,压实松土层,促进毛细管作用等。

13. (　　)播种要等到所有种子全部"咧嘴露白"时才行。

14. (　　)种小、皮薄,浸种的水温可低,浸种时间相对较短。

15. (　　)机械损伤催芽方法主要用于种皮厚而坚硬的种子,如山楂、紫穗槐、银杏、美人蕉、荷花等。

16. (　　)使用福尔马林溶液对种子消毒时,需浸种子 15 ~ 30 min。

17. (　　)水浸催芽,主要是用于被迫休眠的种子。

18. (　　)银杏等生理后熟的种子,用水浸催芽能显著提高发芽率。

19. (　　)当地大部分地区,育苗的播种时间以春季最好。

20. (　　)点播是用于小粒种子。

21. (　　)播种后,覆土厚度对种子发芽没有影响。

22. (　　)遮阴时间的长短因树种和气候条件而异。

23. (　　)冻害在低洼地或黏重土壤上较为严重。

24. (　　)播种育苗决定苗木数量的是幼苗期,决定苗木质量的是速生期。

五、问答题

1. 简述种子层积贮藏的方法。

2. 影响种子发芽的内因有哪些?

3. 常用的种子催芽方法有哪些?

4. 层积催芽对种子发芽都有哪些作用?

5. 播种后、苗木出苗前都要求哪些管理措施?

6. 苗木遮阴有什么作用? 遮阴的方法有哪些?

5 营养繁殖育苗技术

【知识要点】

营养繁殖育苗技术是园林植物的重要繁育方法之一。本章主要介绍园林苗木营养繁育方法,重点介绍了分株、扦插、压条、嫁接、埋条和留根育苗的操作步骤。

【学习目标】

1. 掌握苗木营养繁育成活的原理和影响因素;
2. 掌握营养繁殖材料的选择和处理,繁殖后的成苗管理;
3. 熟练进行分株、扦插、压条、嫁接、埋条和留根育苗技术操作。

5.1 营养繁殖概述

5.1.1 营养繁殖的概念

营养繁殖概述

营养繁殖是以母株的营养器官(根、茎、叶)的一部分来繁殖培育新植株的方法,属无性繁殖。利用营养繁殖方法所形成的苗木称为营养苗。园林苗木生产中常用的营养繁殖方法有分株、扦插、嫁接、压条等。

5.1.2 营养繁殖的生理基础

营养繁殖是利用植物的再生能力、分生能力以及通过嫁接与另一植物合为一体的亲和力进行繁殖的。

分生能力是指某些植物能够长出专为营养繁殖用的一些特殊的变态的器官,如球茎、根蘖、匍匐枝等。这种现象在园林植物上常见,如石榴、大丽花、水仙、美人蕉等。

再生能力是指植物营养器官(根、茎、叶)的一部分,能够形成自己所没有的其他部分的能力。如用叶插长出芽和根,用茎或枝插长出叶及根,用根插长出枝和叶。如菊花、三角梅、桂花、小叶女贞、悬铃木等。

5.1.3　营养繁殖的特点

1）营养繁殖的优点

①营养繁殖培育出的新植株是由分生组织直接分裂的体细胞所产生的,其遗传性和母体基本一致,能保持母株的优良性状。偶尔发生芽变,可将发生的芽变固定和保持下来。而播种苗繁殖会出现性状分离的现象。

②营养繁殖培育出的新植株的个体发育阶段在母体该部分的基础上继续发展,可以加速生长,提早开花结果。

③应用营养繁殖能使不结实或种子很少的园林植物种类或品种得以繁衍,如重瓣花、无核果、多年不开花以及雌雄异株植物等。

④采用营养繁殖可繁殖或制作特殊型的树木,如龙爪槐、树月季、梅桩等。

⑤综合应用各种营养繁殖方法,可大大增加名贵树种或优良品种的繁殖系数。

2）营养繁殖的缺点

营养繁殖苗的根系不如播种苗发达(嫁接苗除外),抵抗不良环境的能力较差,寿命较短。

5.2　营养繁殖方法

在园林苗圃生产中,园林苗木培育常用的营养繁殖方法有分株育苗、扦插育苗、压条育苗、嫁接育苗等。

5.2.1　分株育苗

分株育苗是利用母株根蘖或茎蘖生根后,在休眠期采用切割或分离的方法脱离母体,培育成独立新植株的一种无性繁殖方法。分株育苗适用于易生根蘖或茎蘖的园林树种。

1）分株育苗的特点

分株育苗在园林苗木的培育中,是最原始、最简便的营养繁殖方法。由于分株育苗是有根植株分离,成活率高,在较短的时间内可以得到大苗。此法多用于少量的繁殖或名贵花木的繁殖。但是分株育苗繁殖系数低,不能适应现代大面积栽培的需要,所得苗木规格也不整齐。

2）分株育苗的时间

分株的时间,依种类和气候条件而定,大多在休眠期进行,即春季发芽前或秋季落叶后进行。为了不影响开花,一般夏、秋开花类树种在早春萌芽前(3—4月)进行分株,而春季开花类树种,宜在秋季落叶后(10—11月)进行分株,这样在分株后有一定时间的根系生长。

3）分株育苗的注意事项

①在分株过程中要注意根蘖苗一定要有较完好的根系。

②茎蘖苗除要有较好的根系外,地上部分还应有1~3个茎干,这样有利于幼苗的生长。

③幼株栽植的入土深度,应与根的原来入土深度保持一致,切忌将根颈部埋入土中。

④对分株后留下的伤口,应尽可能进行清创和消毒处理,以利于愈合。

⑤对于新栽植的分株苗床,要注意适当遮阴养护,待新芽萌发后再转入正常养护。

4)分株育苗的方法

对于灌丛,分株前需将母株挖掘出来,并尽可能多带根系,然后将整个株丛分成几丛,每丛都带有较多的根系,如芍药、牡丹等(见图5.1与图5.2)。

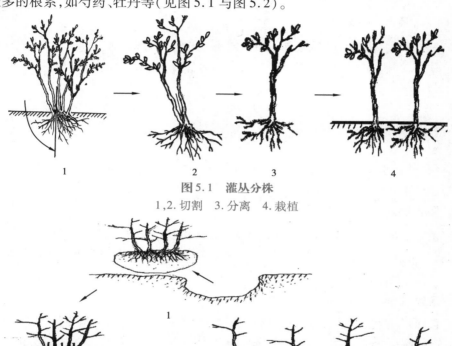

图5.1　灌丛分株

1,2.切割　3.分离　4.栽植

图5.2　掘起分株

1.挖掘　2.切割　3.栽植

还有一些萌蘖力很强的园林植物,在母株的四周常萌发出许多幼小株丛,在分株时不必挖掘母株,只挖掘分蘖苗另栽即可,如蔷薇、凌霄、月季等(见图5.3)。

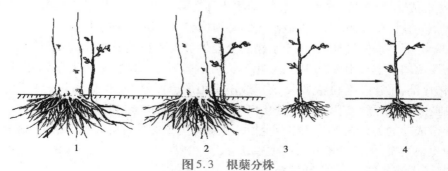

图5.3　根蘖分株

1.长出的根蘖　2.切割　3.分离　4.栽植

图5.4　草本植物的分株

对于一些丛生草本花卉,分株前先把母株挖掘出来,抖掉大部分泥土,找出每个萌蘖根系的延伸方向,并把盘在一起的根分解开来,尽量少伤根系;然后用刀把分蘖苗和母株连接的根颈部分分割开,并对根系进行修剪,剔除老根及病根后,立即上盆栽植,浇透水。注意遮阴养护,待新芽萌发后再转入正常养护,如兰花、鹤望兰、萱草等(见图5.4)。

5)常用分株育苗的园林植物

萱草、非洲菊、君子兰、鸢尾、芍药、菊花、五色苋、风铃草、兰花、睡莲、凤眼莲、牡丹、蜡梅、美人蕉、月季、海棠、栀子花、南天竹、月桂、红楠、山楂、海棠花、紫荆等,常用分株育苗法。

草本植物分株繁殖

5.2.2　扦插育苗

我国应用扦插的方法繁殖植物的历史非常悠久,大约在3 000多年以前,我们的祖先就创造和应用了扦插技术。

1)扦插育苗的概念

扦插育苗是利用植物营养器官的再生能力,切取其根、茎、叶等的一部分,在一定的条件下插入土、砂或其他基质中,使其生根、发芽成长为一个完整独立的新植株的方法。所得苗木为扦插苗。

2)扦插育苗的特点

扦插育苗可经济利用繁殖材料,可进行大量育苗和多季育苗;可保持母体的优良性状;与实生苗相比,成苗迅速,根系比实生苗理想,开始结实时间也比实生苗早。此法对不结实或结实稀少的名贵园林树种是一种切实可行的繁殖方法,对于有些常绿树种,一年四季均可采用。但扦插育苗在管理上要求比较精细;扦插苗比实生苗的根系浅,抗风、抗旱、抗寒的能力较弱,寿命较短。

3)扦插育苗生根的原理

首先,植物细胞具有全能性,即每个细胞都具有相同的遗传物质,它们在适当的环境条件下,具有潜在形成相同植株的能力。此外,植物体具有再生机能,即当植物体的某一部分受伤或被切除而使植物整体受到破坏时,能表现出弥补损伤和恢复协调的功能。

当根、茎、叶等从母体脱离时,由于植物的全能性和再生机能的作用,就会从脱离的根上长出茎、叶,从脱离的茎上长出根,从脱离的叶上长出茎与根等。即枝条脱离母体后,枝条内的形成层、次生韧皮部、维管纤维和髓部等,能形成不定根的原始体,而后发育生长成不定根。而用根作插条,则在根的皮层,其薄壁细胞分化出不定芽,从而长成茎、叶。

扦插育苗成功的关键在于插穗能否生根。从插穗生根的部位可以把生根类型分为3种:一是愈伤组织生根类型,大部分树种为此类型,如火棘、柏类、雪松等;二是皮部生根类型,如水杉、榕树等;三是两者兼有的,如月季和蔷薇等。

4）影响扦插成活的因素

（1）影响扦插成活的内在因素

①树种本身的特性：不同树种其生物学特性不同，扦插成活的情况也不同，有难有易，即使是同一树种但品种不同，扦插生根的情况也有差异。如灌木比乔木容易生根，匍匐型的比直立型的容易生根，地理分布在高温、多湿地区的树种比低温、干旱地区的树种容易生根等。

②插条的年龄：插条的年龄包括两种含义，一是所采插条的母树年龄，一是所采枝条本身的年龄。

a.母树年龄　在选条时，应采自年幼的母树，母树年龄越小，其生命活动的能力越强，所采下的枝条扦插成活率越高。而且很多树种是选用1～2年生实生苗上的枝条，扦插成活率最高。如湖北省潜江县林业研究所，进行水杉扦插试验，在不同年龄的母树上，均采取一年生枝条，在相同环境中进行扦插，其成活率差异很大（见表5.1）。

表5.1　**水杉不同母树年龄的枝条扦插情况**

母树年龄/年	1	2	3	4	7	9
试验株数/株	500	500	500	500	500	500
成活率/%	92.5	90.4	76.5	65.0	34.0	31.0

b.枝条年龄和部位　插条的年龄以一年生枝的再生能力为最强，或采用母树根颈部位的一年生萌蘖条，其发育阶段最年幼，具有和实生苗相同的特点，再生能力强。又因萌蘖条生长的部位靠近根系，通过和根系的相互作用，使它们积累了较多的营养物质，扦插后易于成活。

③插条的部位：在同一枝条上，所取的插条部位不同，扦插成活率也有差异。在同一枝条上的中、下部枝条更为充实，扦插成活率较高。

④枝条的发育状况：在正常情况下，一般树种主轴上的枝条发育最好，形成层组织充实，分生能力强，用它作插条比用侧枝、尤其是多次分枝的侧枝生根力强。在生产实践上，有些树种带一部分二年生枝，即采用"踵状扦插法"，成活率高，这与二年生枝条中贮藏有更多的营养物质有关。但有些植物顶生枝条较易生根，如月季。

⑤插条的粗细与长短：对于成活率与苗木的生长也有影响。在生产实践中，可根据需要采用适当长度的插条，合理利用插条，掌握"粗枝短剪、细枝长留"的原则。所以在大面积育苗过程中，常选用苗圃平茬时剪下的实生苗或扦插苗的主干作为插穗，这是最理想的，可大大提高成活率，并能保证苗木质量。

⑥插条上保留叶和芽的数量：插条上的芽是形成茎、干的基础。芽和叶能供给插条生根所必需的营养物质和生长激素、维生素等，有利生根。插条上的叶、芽保留越多，成活率越高。

（2）影响扦插成活的外界因素

①温度：插穗生根的适宜温度因树种不同而异。多数树种的生根最适温度为15～25 ℃，以20 ℃最为适合。一般规律为发芽早的要求温度较低，发芽萌动晚的以及常绿树种要求温度较高。原产于热带的树种种类生根要求温度较高，如橡皮树、榕树等，宜在25 ℃；而原产于亚热带的桂花、杜鹃等，较适在15～25 ℃，杨树在7 ℃左右。

不同树种扦插生根，对土壤的温度要求也不同，一般土温高于气温3～5 ℃时，对生根极为有利。因此，在生产实践上，应依树种对温度要求的不同，选择最适合的扦插时间，以提高育苗的成功率。

②水分与氧气:扦插后插条需要保持适当的湿度,同时空气湿度也影响生根,因此一般空气相对湿度保持在80%~90%时为宜。为提高扦插成活率,应适当采用遮阴和灌水等措施。

氧气对扦插生根也有很大影响。扦插条往往对空气湿度要求高,但其土壤水分却不能过大,浇水过多,会降低土温,使土壤通气不良,导致缺氧而影响生根。应根据不同树种对于氧气的需求而定。

③光照:插穗生根,需有一定的光照条件,充足的光照可提高土壤温度,能促进生根。我国花农通过长期的实践经验得出结论,插条要插在"见天不见日"的地方。因此,在日照太强的时候,应适当遮阴,尤其在插条未发出一定数量新根的时候,更应注意创造较适宜的条件。

④扦插基质(扦插土):要选择结构疏松、通气良好、能保持较稳定的湿度而又不积水的扦插基质为最好。一般可用素砂、泥炭土或两者混合以及蛭石等。

a.素砂　通气好,排水佳,易吸热,材料易得;但含水力太弱,必须多次灌水,故常与土混合使用。

b.泥炭土　含有大量未腐烂的物质,通常带酸性,质地轻松,有团粒结构,保水力强;但含水量太高,通气差,吸热力也不如砂,故常与砂混合使用。泥炭土常用于松柏类、杜鹃等的扦插。

c.蛭石　呈黄褐色,片状,酸度不大,吸水力强,通气良好,保温能力高,是目前一种较好的扦插基质;但缺少正常土壤中含有的营养物质,故在插条生根后应及时移于苗床中。

基质的选择应随植物种类的不同要求,选择最适基质。在露地进行大面积扦插时,大面积更换扦插土,实际上是不大可能的,故通常选用排水良好的砂质壤土。

5)促进插条生根的方法

(1)机械处理　常用环状剥皮、刻伤、缢伤等方法。即在生长后期剪取枝条之前,先刻伤、环割枝条基部或用麻绳等捆扎,以切断韧皮部的养分运输,使养分蓄积于受伤处,到休眠期再将枝条从基部剪下进行扦插。由于养分集中贮藏,有利于生根,不仅提高成活率,而且有利于苗木的生长。

(2)物理处理　即用软化法(黄化处理)、加温法、干燥法、高温静电等物理方法进行处理,促进生根。生产实践中,常用的为软化法和加温法。

①软化法:目前,软化法一般用在新梢生长初期,即在扦插前三周,在枝条基部先包上脱脂棉,再用黑布条、黑纸或泥土等封裹,遮断阳光照射,使枝条内所含的营养物质发生变化。经三周后,剪下扦插,易于生根。这是由于黑暗可以延迟芽组织的发育,能抑制生根阻碍物质的生成,增强植物生长激素的活性,从而有利于生根。

②加温法:有两种方法:一是增加插床的底温;二是温水浸烫枝条。

春天由于气温高于地温,在露地扦插时,易先抽芽、展叶后生根,以致降低扦插成活率。为此,可采用在扦插床内铺设电热线(电热温床法)或在插床内放入马粪(酿热物)等措施来提高地温,促进生根。

温水浸烫法是将扦插条的下端在适当温度的温水中浸泡后再行扦插,也能促进生根。如松,因枝条中含有松脂,为了消除松脂,可用温水处理插条2 h后,进行扦插,可获得一定效果。

(3)生长激素及其他药物的处理

①生长激素的处理:1934—1935年生长素的发现,如吲哚乙酸,对促进茎和叶发生不定根很有价值,以后人工合成的类生长素陆续出现。常用的生长激素有:α-萘乙酸(NAA)、β-吲哚乙酸(即

IAA)、β-吲哚丁酸(即 IBA)、2,4-D(2,4-二氯苯氧乙酸)。一般使用时,均采用水剂或粉剂。据多数学者的研究发现,大部分树木用生长激素处理插穗,都收到显著效果(见表5.2)。

表5.2　生长激素对插穗生根的影响

树　　种	生长激素种类	生长激素的质量分数/%	插条处理时间/h	插条生根时间/h	插条生根百分率/%	
					处理	对照
桑树	吲哚乙酸	0.1	8	12	100	66
玉兰	吲哚乙酸	0.2	24	41	80	0
榕树	吲哚乙酸	0.2	24	14	90	0
枫杨	吲哚乙酸	0.02	24	69	33	0
水青冈	吲哚乙酸	0.1	24	37	50	0
刺桐	吲哚乙酸	0.2	24	24	100	0
茶树	吲哚乙酸	0.2	—	71	28	0
朝鲜槐	萘乙酸	0.1(粉剂)	16		70	

②其他药物处理:促进生根的其他药物也很多。如用质量分数为0.1%的醋酸浸泡丁香、卫矛等插条,效果良好。用高锰酸钾处理,对圆叶女贞、一品红等具有促进生根的效果。一般处理浓度(质量分数)为0.1%~0.5%,浸数小时至一昼夜。此外,其他药物还有硫酸锰、硝酸银、碘等。

有些生根较难的插穗,先用生长激素处理后再用维生素 B_1 处理,可获得较高生根率。如柠檬扦插中,除植物激素之外,加入少量维生素 B_1,可以促进生根。维生素处理浓度为1 mg/kg,插穗基部浸 12 h 左右。

糖类对紫杉、日本铁杉等针叶树,山茶、黄杨、柠檬等阔叶树处理效果好。如松柏类,将插条下端用4%~5%的蔗糖溶液浸24 h后扦插,效果良好。

近年来,还有人将生长激素与杀菌剂合用于扦插,既可促进生根,同时又起到防治病虫害的作用。

6)扦插育苗的种类及方法

扦插育苗的种类有枝插(茎插)、根插及叶插。在育苗生产实践中,以枝插应用最广,根插次之,叶插则常在花卉繁育中使用。

(1)硬枝扦插　凡是采用已木质化的枝条来扦插的,都叫硬枝扦插,这是生产上最常用的方法(见图5.5(1))。

硬枝扦插

①插条的选择、剪取时间和扦插时期:选择树龄较为年轻的母树上的当年生枝条或萌生条,要求枝条生长健壮,无病虫害,距主干近,已木质化。剪取插条的时间在休眠期,即在秋季自然落叶以后或开始落叶时。扦插时期一般在春季室外土温达10 ℃以上时进行,具体进行时间,视植物各类及各地区气候条件而定。一般北方冬季寒冷、干旱地区,宜秋季采穗贮藏后春插;而南方温暖、湿润地区宜秋插,可省去插穗贮藏工作。抗寒性强的可早插,反之宜迟插。

②插穗的剪取:插穗一般剪成长10~20 cm左右的小段,北方干旱地区可稍长,南方湿润地区可稍短。每穗一般保留有2~3个或更多的芽。上端的剪口在顶芽上1~2 cm处,一般呈

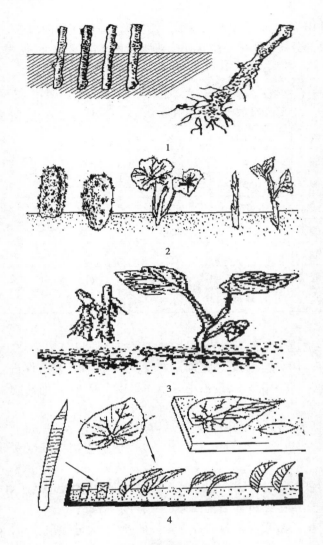

图 5.5　扦插方法

1.硬枝插　2.嫩枝插　3.根插　4.叶插

30°~45°的斜面,斜面方向是生芽的一方高,背芽的一方低,以免扦插后切面积水;较细的插穗剪成平面也可。下端剪口应在节下,剪口应平滑,以利愈合,切口一般呈水平状,以便生根均匀;但有些生根缓慢的树种也可剪成斜面,以扩大与土壤的接触面。

③插穗的贮藏:贮藏的方法以露地埋条较为普遍。选择高燥、排水良好、背风向阳的地方挖沟,将枝条捆扎成束,埋于沟内,盖上湿沙和泥土即可。若枝条过多,可于中间竖些草把,以利通气。北方地区有利用地窖贮藏的,将枝条埋于湿沙中,堆放 2~3 层,更为安全。无论露地贮藏还是室内贮藏,均需经常检查有无霉烂现象,以免影响成活率。

南方地区多用先剪成插穗、后进行贮藏的方法,把剪成的插穗按一定数量捆扎起来,一般是 50~100 枝一捆,垂直放于沟底。其贮藏方法大致相同,效果更好。

④插穗扦插的方法:扦插前,先对扦插圃进行翻耕耙糖,使土壤疏松、平整,然后每隔 50~60 cm 开 15~20 cm 的沟,沿沟底施入基肥。每亩施腐熟的堆肥 2 500~4 000 kg,再加少量草木

灰和过磷酸钙等。经与沟土充分拌匀后,按 10~15 cm 的株距,直插或斜插入苗床。斜插时将插穗斜放沟内成 45°,顶芽露出地面,其方向必须相同。插穗入土深度是其长度的 1/2~2/3,干旱地区、砂质土壤可适当深些。并用手将周围土壤压实,然后灌水,使土壤和枝条密接,最后再覆细润土一层,使与顶芽相平。注意扦插时不要碰伤芽眼,插入土中时不要左右晃动插穗。

由于树种特性及应用的不同,各地还创造出许多硬枝扦插的不同方法。

a. 长竿插　即用长枝扦插,一般用 50 cm 长,也可长达 1~2 m,多用于易生根的树种。此法可在短期内得到大苗,也可直接插于绿化用地,减少移栽。

b. 割插　有些生根困难的树种,可将插穗下端劈开,中间夹以石子等物,刺激使之生根。如桂花、山茶、梅花等。

c. 踵状插　在插穗下端附带有老枝的一部分,形如踵足,故称踵状插。这样插条下部养分集中,易于发根;但每根枝条只能取一个插穗,利用率较低。此法适用于松柏类、木瓜等较难成活的树种。

d. 槌形插　与踵状插近似,但基部所带老枝较多,成为槌状。所带老枝的长短,依枝条的粗细而定,一般 2~4 cm,两端斜削。

e. 单芽插　用只具有一个芽(或一对芽)的枝条进行扦插,叫单芽扦插,又名"单芽插"。单芽插的插穗很短,通常在 10 cm 以下,材料利用经济。剪取插穗时切口斜剪,与芽相背。芽对生的树种还可将插穗对劈开,一个作两个用。

(2)嫩枝扦插　又叫绿枝扦插,是利用当年生嫩枝或半木质化枝条来扦插,其发根较用已木质化枝条扦插的更强(见图5.5(2))。

半硬枝扦插　嫩枝扦插繁殖动画

①插穗的选择与剪取:嫩枝扦插的方法常绿树种采用较多,一般是随采随插,于 5—8 月进行。插穗也需尽量剪取自发育阶段年轻的母树,选择健壮、无病虫害、半木质化的当年生嫩枝。插条长度一般 5~6 cm。剪取插条时,插条上端芽的剪口必须在芽上 2~3 cm 处,切面与枝条成45°。插条上部须保留 1~3 片健壮叶片,并剪去叶片前端一半。枝条下端剪口应在节下,因节上养分多,有利于生根。为了防止枝条凋萎,最好在早晨枝条内含有水分最多时剪取。剪下后,将下端浸于清水中,上面用湿布盖住,以防插条萎蔫。常绿针叶树种的软枝扦插插穗,一般只要把下剪口剪平即可,不必除去叶片;但若扦插入土困难时,可适当除去下部一些枝叶。

②扦插的方法:嫩枝扦插的具体操作和硬枝扦插相似,只是用地更需整理精细、疏松。因此常在冷床或温床上进行扦插,一般垂直插入土中,入土部分为总长的 1/3~1/2。

嫩枝扦插对空气湿度要求严格。大面积露地扦插,如无完善的喷雾装置或保湿设备,成活率就不会很高。必要时应盖玻璃或塑料薄膜,以保持适当的温、湿度。此外,还应注意通风及遮阴。

(3)根插　利用植物的根来扦插就叫根插。根插在园林苗圃中也常应用。一类是枝条不易扦插的,如泡桐、漆树等;另一类是根部再生能力较强的,如紫藤、海棠、樱桃等,均可采用根插(见图5.5(3))。

根插

用根插法扦插,常在休眠期中自母株周围刨取种根,也可利用出圃挖苗时残留在圃地内的根。选其粗度在 0.8 cm 以上的根条,切成 10~15 cm 的节段,并按粗细分级埋藏于假植沟内,至翌年春季扦插。一般多用床插,先在床面上开深 5~6 cm 的沟,将种根斜插或全埋于沟内,覆土 2~3 cm,平整床面,立即灌水,保持土壤适当湿度,15~20 d 可发芽。

(4)叶插　叶插用于能自叶上发生不定芽及不定根的种类。凡能进行叶插的花卉,大都具有粗壮的叶柄、叶脉或肥厚之叶片。叶插须选取发芽充实的叶片,在设备良好的繁殖床内进行,以维持适宜的温度及湿度,才能得到良好的效果,如秋海棠、落地生根、非洲紫罗兰等(见图5.5(4))。

叶插

7)扦插后的管理

扦插后应立即浇足第一次水,以后要经常保持土壤、空气的湿度,同时还应做好保墒及松土工作。干旱地区或炎热季节可搭棚保湿、遮阴,以后随气候变化和苗木情况逐步拆除荫棚。

当未生根之前地上部已展叶,则应摘除部分叶片。在新苗长到 15～30 cm 时,应选留一个健壮直立的芽,其余的除去。必要时可在行间进行覆草,以保持水分和防止雨水将泥土溅于嫩叶上。

在温室或温床中扦插,当生根展叶后,要逐渐开窗流通空气,使扦插苗逐渐适应外界环境,然后再移至圃地。

8)常用扦插育苗的园林植物

天竺葵、菊花、金鱼草、铺地柏、悬铃木、秋海棠、矮牵牛、非洲菊、银芽柳、万寿菊、大岩桐、仙人掌、昙花、蟹爪兰、银杏、含笑、芦荟、虎刺梅、霸王鞭、龟背竹、花叶绿萝等。

5.2.3　压条育苗

1)压条育苗的概念及其特点

压条育苗是利用生长在母树上的枝条压埋土中或包埋于生根介质中,促使枝条被压部分生根,以后再与母株割离,形成一株完整的新植株。该法多用于花灌木及一些果树的繁殖上。

压条育苗方法简单易行,使用设备较少;因为压条苗是生根后才与母体分离,因而成活可靠;此法常可一次获得少数的大苗。其缺点在于操作费工,繁殖效率低,不能大规模采用。

2)促进压条生根的方法

对于不易生根的植物或生根时间较长的,可采取相应技术进行处理,以促进其生根。促进生根的方法有:环剥法、环割法、扭枝法、软化法、生长刺激法以及改良土壤法等。

3)压条育苗的种类及方法

压条的种类很多,各不相同,依其埋条的状态、位置及其操作方法的不同,可分为培土压条法、普通压条法、水平压条法、波状压条法、空中压条法等。

(1)培土压条法　由于被压的枝条无须弯曲,又称直立压条法或壅土压条法。此法适用于具有丛生性、分蘖性的园林树种。具体操作方法是,春季萌芽前将母株枝条短截,使之萌发大量新梢;当新梢长至 30 cm 左右时,将各新梢基部进行刻伤,亦可结合用促根剂处理后,再埋入土内,使成小丘状,保持土壤湿润;待覆土部分发出新根后,于当年秋季或第二年春天,可切离分栽,每一枝均可成为新植株。适用种类,如贴梗海棠、紫玉兰、栀子花等(见图5.6(1))。

(2)普通压条法　又称先端压条法或单枝压条法。此为最通用的一种方法,适用于枝条离地面近且容易弯曲的树种。进行时,将近地面的 1～2 年生枝条向下压或将其折伤(折断枝条直径的 1/3～1/2)后,用土埋住刻伤处或节部处,使枝梢露出土面。一枝可获一苗。为防止埋入

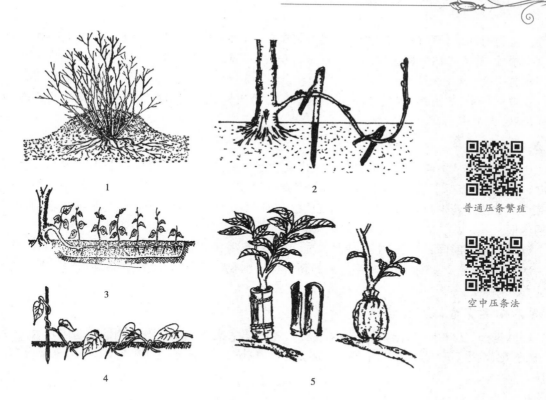

普通压条繁殖

空中压条法

图5.6　压条的各种形式
1.培土压条　2.普通压条　3.水平压条　4.波状压条　5.空中压条

土中的枝条反弹,可用木制倒钩或砖头等固定、压牢。对于露出地面的枝梢,必要时可缚一支持物,如竹竿、木棒等。此法适用种类,如迎春、夹竹桃、无花果等(见图5.6(2))。

（3）水平压条法　此法又称开沟压条法,适用于枝条长而且生长较易的树种,通常在早春进行。选母株上近地面的枝条,剪去其梢端嫩枝,然后顺枝的着生方向开放射状沟,沟深5～10 cm,将枝条水平压入沟中,用树钩固定;待各节上的芽萌发,长成新梢高20～25 cm、基部半木质化时,开始培土,使压入枝条的每一节位在发生新梢的同时发根;到休眠期仅留基部靠近母株的一枝,作为来年再压条用,余者均逐一切离,成为许多新植株。如在培土前对压条的各个节位进行刻伤,能促进发根。此法优点是能在同一枝条上得到多数的植株;其缺点是操作不如普通压条法简便,各枝条的生长力往往不一致,而且易使母株趋于衰弱(见图5.6(3))。

（4）波状压条法　此法又称重复压条法,适用于枝条长而柔软或为蔓性的树种,如葡萄、紫藤等。一般在秋冬间进行压条,于次年秋季可以分离。进行时,将枝条一段覆土,另一段不覆土,突出部位露出土面,凹下部位刻伤并埋入沟中;以后在地上部位发芽成枝,地下部位生根,分别切离后形成各个小植株。此法与水平压条法相似,唯被压枝条呈波浪状屈曲于长沟中(见图5.6(4))。

（5）空中压条法　此法又称高压法,适用于木质坚硬,枝条不易弯曲,基部枝条缺乏,不能压到地面,而扦插繁殖又较困难的树种。此法通常多用于贵重树种,在整个生长期都可进行,但以春季和雨季较好。进行时,可选用多年生枝条,也可选当年生半木质化枝条,于基部5～6 cm处环剥2～4 cm,注意刮净皮层、形成层。生根慢的树种,可在环剥处适当涂抹生根剂。然后,用塑料薄膜或对开的花盆、竹筒等进行包裹,其内填充湿度适宜的基质,如苔藓、锯末屑或砂壤土等。生根时间的长短视植物种类、枝龄及气温等而异,一般少则1个月左右,多则3~4个月。待其生根后,剪离母树。此时的幼苗须依靠自身的根系吸水,故在栽植前应先剪掉部分枝叶,以维持水分平衡(见图5.6(5))。

观赏树种中,如山茶、木兰、白玉兰、梅花、印度橡皮树、米兰、瑞香等,空中压条成活率高,但易伤母株,大量应用有困难。

4)压条后的管理

压条之后应从不同树种的生物学特性出发,经常松土、除草,保持土壤适当的湿润、通气和温度,创造利于压条生根的环境。随时检查横伸土中的压条是否露出地面,如已露出必须重压。留在地上的枝条若生长太长,可适当剪去顶梢。如果情况良好,对被压部位尽量不要触动,以免影响生根。

分离压条的时间,以根的生长情况为准,必须有良好的根群方可分割。对于较大的枝条不可一次割断,应分2~3次切割。初分离的新植株特别要注意保护,注意灌水、遮阴等;畏冷的植株应移入温室越冬。

5)常用压条育苗的园林植物

花叶绿萝、变叶木(高压)、橡皮树(高压)、花叶鹅掌柴、常春藤、腊梅、米兰(高压)、含笑、海棠、栀子花、瑞香(高压)、翠柏、旱柳、杨梅、玉兰、厚朴、红叶李、梅花、樱花等,常用压条育苗的方法。

5.2.4 嫁接育苗

1)嫁接育苗的概念

嫁接也称接木,是人们有目的地利用两种不同植物结合在一起的能力,把计划繁殖树种的枝条或芽接在另一种植物的茎或根上,使两者结合成为一体,形成一个独立的新个体。

供嫁接用的枝和芽称为"接穗",承受接穗的植株叫"砧木"。以枝条作接穗的称为"枝接",以芽作接穗的称"芽接"。用嫁接育苗法获得的苗木称"嫁接苗"。嫁接苗和其他营养繁殖苗不同的特点是,借助了另一种植物的根,因此嫁接苗也称为"它根苗"。

在生产实践中,嫁接育苗是园林植物和果树的重要繁殖方法之一。

2)嫁接育苗的作用

(1)能保持品种的优良特性 嫁接所用的接穗,均采自发育阶段较高的母树上,遗传性稳定,砧木对接穗遗传性状的影响较小,故接穗仍能保持母树原有的优良性状。

(2)增强接穗品种的抗性和适应性 可利用砧木对接穗的生理影响,提高嫁接苗对环境的适应能力,甚至起到改良品质,达到丰收的效果。生产上常利用砧木的抗旱、抗寒、耐盐碱、抗病虫害和耐瘠薄的特性,如月季接在蔷薇上可提高其耐湿、耐瘠薄和抗病虫害等的能力。

(3)提早开花结果 由于嫁接用的接穗从发育阶段上常已处于成年期,砧木有强大的根系,能提供充足养分,使其发育旺盛,因此嫁接苗常可以比实生苗明显提早开花、结果。

(4)改变株型 通过选用矮化砧、乔化砧树木作砧木,可培育出不同株型的苗木。其他一些树种的垂枝类、曲枝类品种,如垂枝梅、龙爪槐等,也都可繁殖应用。

（5）克服不易繁殖的缺陷　对于扦插、压条、分株不易繁殖的和无核的树种品种，必须用嫁接繁殖。如重瓣品种的碧桃、梅花，果树中的无核柑橘、无核梅子等。又如日本五针松，原产于日本，我国引入后生长较好，但结实率低，且种子多发育不良，发芽率低，生长又慢，因此基本上都依靠嫁接来繁殖。

（6）扩大繁殖系数　由于嫁接所用的砧木可用种子繁殖，容易获得大量的砧木，而接穗仅用一个芽或小段枝条接到砧木上形成一个新的植株，所以繁殖系数大。

嫁接在实际应用上还有其他作用，如恢复树势、补充缺枝、选用新品种等方面。

嫁接育苗也有它的一些局限性和不足之处：嫁接育苗主要用于双子叶植物，而单子叶植物则难以成活；嫁接苗的寿命较短；因嫁接繁殖需要先培养砧木，在操作技术上也较为麻烦，故而费工，同时技术要求高；嫁接苗成活后砧木易蘖生萌蘖，要加强嫁接后的养护与管理；嫁接后小苗的嫁接处易折断。

3）嫁接成活的原理

植物嫁接成活的生理基础，主要是植物的再生能力和分化能力。嫁接后，砧木和接穗削面的形成层彼此紧密接触（见图5.7）；由于愈伤激素的作用，削面上的形成层细胞旺盛分裂，形成愈伤组织，填满砧、穗之间的空隙。在细胞之间产生胞间连丝，由胞间连丝使原生质连通；然后新生细胞进一步分化，使接穗和砧木之间的形成层向内分化为木质部，向外分化为韧皮部，进而使导管和筛管等输导组织相互沟通，就形成了一个整体。在愈伤组织的外部细胞分化为栓皮细胞，使砧木和接穗相接处密合，砧木和接穗两个异质部分从此结合在一起，成为一个新植株。

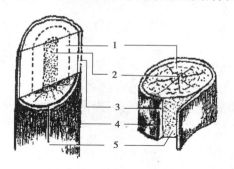

图 5.7　枝的横纵断面
1. 木质部　2. 髓　3. 韧皮部　4. 表皮　5. 形成层

4）影响嫁接成活的因素

（1）嫁接愈合与亲和力的关系　砧木和接穗经过嫁接能愈合，且能正常生长发育的能力，称为亲和力。亲和力是嫁接成活的最基本条件。砧木和接穗的亲和力强，则嫁接成活率高；反之，则低或不成活。

砧木和接穗间的亲和力大小主要由亲缘关系决定。亲缘关系越近，则亲和力越强。同种间的亲和力最强，如不同品种的月季间嫁接最易成活。同属异种间嫁接，亲和力次之，在生产上应用最广泛。同科异属间进行嫁接，亲和力一般较弱，但有些树种也能成活，例如女贞嫁接在白蜡上，桂花嫁接在女贞上。不同科的树种间亲和力更弱，嫁接很难获得成功，在生产上不能应用。

此外，亲和力与砧木、接穗间细胞组织结构、生理生化特性的差异也有一定的关系。

（2）砧木和接穗的生长特性　砧木生长健壮，体内贮藏物质丰富，形成层细胞分裂活跃，嫁接成活率就高。砧木和接穗在物候期上的差别与嫁接成活也有关系。凡砧木较接穗萌动早,能及时供应接穗水分和养分,成活率就高;相反,如果接穗比砧木萌动早,易导致接穗失水枯萎,嫁接不易成活。

(3)环境因子的影响　环境因子对嫁接成活的影响,主要反映在对愈伤组织形成与发育的速度上。影响嫁接成功的主要环境因子为温度、湿度、光照。

①温度:植物的愈伤组织要在一定温度下才能形成,一般适宜温度为 $20 \sim 25$ ℃。低于 15 ℃或高于 30 ℃,就会妨碍愈伤组织的旺盛生长。植物愈伤组织生长的最适温度,与不同植物萌芽、生长发育所需的最适温度成正相关。如桑树在春季 4 月嫁接成活率最高,因其形成层最适温度在 $20 \sim 25$ ℃。

②湿度:湿度对愈伤组织的影响有两个方面:一是愈伤组织生长本身需要一定的湿度环境;二是接穗需要在一定的湿度条件下,才能保持生活力。空气湿度越接近饱和,对愈合越有利。但不能使嫁接部位浸水,因此,要做好包扎工作。

③光照:黑暗条件下,有利于促进愈伤组织的生长。

除以上主要环境因子影响嫁接成活率外,通气也有利于嫁接伤口愈合。一般空气中氧气含量(体积分数)在 12% 以下或 20% 以上,都可妨碍愈合作用进行。

(4)嫁接技术

①砧木与接穗形成层对齐,可使愈伤组织尽快形成并分化成各组织系统,以沟通上下部分的水分和养分运输。

②砧木与接穗的切面平整光滑,使砧、穗切面紧密结合,利于砧、穗吻合,便于成活。

③嫁接时操作速度快,切面在空气中暴露时间短,可减少切面失水,对单宁物质较多的植物还可减少单宁被空气氧化的机会,易于成活。

④接穗和砧木形成层的接触面大,接触紧密,输导组织沟通容易,成活率也高。

⑤砧、穗切面保持清洁,不被泥土污染,可提高成活率。

⑥使用的嫁接刀锋利,能保证切削砧、穗时不撕皮,不破损木质部,利于成活。

5)嫁接时期与准备工作

(1)嫁接时期　适宜的嫁接时期,是嫁接成活的关键因素之一。嫁接时期的选择,与植物种类、嫁接方法和物候期等有关。一般情况下,枝接宜在春季芽未萌动前进行,芽接则宜在夏、秋季砧木树皮易剥离时进行。而木本植物的嫩枝接,多在生长期进行。

①春季嫁接:春季是枝接的适宜时期,主要在 2—4 月,一般在早春树液开始流动时即可进行。落叶树宜选经贮藏后处于休眠状态的接穗,常绿树采用现采的未萌芽的枝条作接穗。春季,由于气温低,接穗水分平衡较好,易成活。

②初夏季嫁接:5 月中旬至 6 月上旬,砧木和接穗皮层都能剥离时最适宜进行芽接和嫩枝接。一些常绿木本植物,如山茶和杜鹃,以及落叶树种,均适于此时嫁接。

③夏秋季嫁接:7—8 月主要进行不带木质部的芽接。一些树种如红枫也可进行腹接。我国中部和华北地区一般可延到 9 月下旬。这个时期适宜嫁接时期长,成活率高。因适宜嫁接时期长,所以对未接活的可以补接。

总之,只要砧、穗自身条件及外界环境能满足要求,即为嫁接适期。应视植物物候期和砧、穗的状态决定嫁接时期。同时也应注意短期的天气条件,如雨后树液流动旺盛,比长期干旱后嫁接为好;阴天无风,比干晴、大风天气嫁接为好。

（2）嫁接前的准备工作

①砧木的选择与培育：

a.砧木的选择　选择优良的砧木，是培育优良园林树木的重要环节。选择砧木主要依据下列条件：

a）与接穗具有良好的亲和力，愈合良好，且无不良影响。

b）对栽培地区的气候、土壤等环境条件有良好适应性，如抗寒、抗旱等。

c）对接穗的生长、开花、结果和寿命等有良好影响，如使接穗生长健壮、花艳、丰产等。

d）类型一致，来源丰富，繁殖容易，生长快，根系发达，固着性强。

e）能满足特殊栽培的要求，如控制树冠生长的矮化砧或乔化砧。

b.砧木的培育　砧木选定后，应根据其特性，采用适宜的方法（主要用实生法，也有用扦插、分株、压条法的）进行繁殖，并按要求栽植成行，便于嫁接操作和管理。砧木栽植后，应将地面20 cm以内的刺和分枝剪去，保持苗干光滑，并注意中耕除草、追肥灌水、防治病虫等管理工作，使砧苗生长健壮。达适当高度后，进行摘心，促进加粗生长。根部培土，可促进根头部肥大，皮层柔软，有利于切口。天气干旱时，在接前数天灌水，促使形成层活动（枇杷等适当控制灌水，反而有利于接活）。生产经验证明：一般花木和果树所用砧木，粗度以1～3 cm为宜；生长快而枝条粗壮的核桃等，砧木宜粗；而小灌木及生长慢的山茶花、桂花等，砧木可稍细。砧木的年龄以1～2年生者为最佳，生长慢的树种也可用三年生以上的苗木为砧木，甚至可用大树进行高接换头，但在嫁接方法和接后管理上应相应调整和加强。

②接穗的选择、采集、运输与贮藏：

a.接穗的选择　嫁接育苗中接穗和砧木一样重要，也要进行选择。采穗母树必须是品质优良纯正，观赏或经济价值高，优良性状稳定的植株。在采条时，应选母树树冠外围中上部向阳面光照充足、生长旺盛、发育充实、无病虫害、粗细均匀的一年生枝作为接穗。但针叶常绿树接穗可带有一段二年生发育健壮的枝条，以提高嫁接成活率并促进生长。

专业苗圃应该有自己的接穗母本园，或在附近的园里选留固定的母株，每年从母株上采取接穗。但对珍贵的稀有品种，如芽变品种、新育成的优种和优良的矮化砧品种，或接穗来源比较困难的地区，为了加大繁殖系数，不要限制在"一年生枝中部芽"的范围内。

选取接穗，还要适应嫁接的方法，如柑橘切接和腹接可用菱形的枝条，芽接应选圆形的枝条。

b.接穗的采集　依嫁接时期和方法不同而有所不同。秋季用的接穗可随用随采；春季用的接穗，多结合冬季修剪采集，贮藏待用。气温高的季节，最好在嫁接的当天清晨采取，或傍晚时采，随采随接。采下的接穗应立即剪去叶片和尖端不充实的部分，仅留0.5 cm长的叶柄。每50～100条捆成一捆，挂上标签，注明品种、采集日期和地点。

c.接穗的运输与贮藏　可用苔藓或清洁的河沙（含水约5%）层积贮藏于阴凉干燥的木箱、地窖或土坑内，上面覆盖薄膜或稻草，保湿防寒。以后每隔7～10 d检查一次，防止过干或过湿，以防枯萎或霉烂。如从外地采回接穗，途中需用有孔的木箱或竹筐装运，要在箱内铺垫苔藓或润锯末等；也可用塑料薄膜装运，但不要封严，且每隔几小时放开散热。接穗在运输和贮藏中，既要保湿、保鲜，又不能打湿水，以免腐烂。外地引入接穗，需经农业部门检疫，以防止危险性病虫害的侵入。

近年来，北京市园林局东北旺苗圃采用蜡封法贮藏接穗，效果甚好。即将秋季落叶后采回的接穗,在 60 ~ 80 ℃的溶解石蜡中速沾,将枝条全部蜡封,放在 0 ~ 5 ℃的低温条件下贮藏,翌年随时都可取出嫁接。直到翌年夏季取出已贮存半年以上的接穗,接后成活率仍很高。

③嫁接工具的准备:嫁接育苗工具主要有嫁接刀、枝剪、磨刀石、手锯、工具箱、铁锹、湿布等。正确地选择和使用这些工具,可提高工效。如钢质要好,刀口要锋利,这样切削面才平滑,接面紧密,有利于愈合,从而提高嫁接成活率,促使苗木整齐,生长健壮。

④包绑材料的准备:现在,大多用塑料薄膜。它具有弹性好、薄、保水和绑扎方便等优点,缺点是不易自然腐烂,成活后需解绑。进行时,大多将厚薄适宜的塑料薄膜剪裁成适宜宽窄、长度的薄膜条进行绑扎。

⑤涂抹材料的准备:涂抹材料通常为接蜡。用来涂抹接合部和接穗剪口,以减少砧、穗切面丧失水分,促使愈合组织产生,防止雨水、微生物侵入和伤口腐烂,从而提高嫁接成活率。接蜡有固体和液体两种。

6)嫁接方法

嫁接方法很多,其操作技术也有一定差异,常因植物种类、嫁接时期、气候条件的不同,而选择不同方法。一般根据接穗的不同,可分为枝接和芽接。

(1)枝接　凡是以枝条为接穗的嫁接方法统称为枝接,包括有切接、劈接、腹接、插皮接和靠接等方法。

①切接:是枝接中最常用的,适用于大部分木本植物。其主要步骤如下:

a.削接穗　穗长 5 ~ 8 cm,一般不超过 10 cm,带 2 ~ 3 个芽。削穗时,削成长、短两个切面。第一刀从最下一个芽的背面或侧面向内切,注意内切深度不宜达到髓部,削去部分木质部即可,切面长 2 ~ 3 cm。第二刀则将已削好切面的对侧削成一个呈 45°角、长 0.5 ~ 1 cm 的短斜面即可。

b.削砧木　首先应将砧木修剪并削平整,然后在切面一侧部轻削一刀,露出形成层,以利于后面切砧木及砧、穗结合。第二刀在形成层内侧略带木质部处垂直切入,深度为 2 ~ 3 cm。

c.结合与绑缚　将削好的接穗,按大的削面向内插入砧木切口中,使砧、穗形成层对齐。接穗削面上端要露出 0.2 cm 左右,俗称"露白"。露白有利于砧、穗的愈合。然后用塑料薄膜带等物,将砧木切口皮层包在接穗外,由下向上地将砧、穗绑扎好(见图 5.8)。

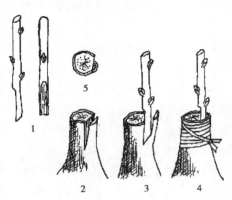

切接繁殖

图 5.8　切接
1.接穗切削正、侧面　2.砧木削法　3.砧、穗结合
4.捆扎　5.形成层结合断面

　　操作时应注意：切削砧、穗时应注意嫁接刀要锋利，手要平稳，以保证削面平整、光滑；绑扎时不能露出嫁接部位，绑扎松紧应适度，不能被雨水淋入切口，以免影响愈合。另外可用塑料袋将接穗与嫁接部位套上，以减少水分散失，有利于愈合。

　　②劈接：当砧木较粗而接穗细小时，可采用劈接法。要求选用砧木的粗度为接穗粗度的2~5倍。砧木自地面5 cm左右处截断后，在其横切面上的中央垂直下刀，劈开砧木，切口长达2~3 cm；接穗下端则两侧切削，呈一楔形，切口2~3 cm。用劈刀楔部撬开切口，把接穗轻轻插入，靠一侧对准砧木的形成层，接穗削面基部露出砧木0.1~0.2 cm。砧木粗可同时插入2~4个接穗，然后绑扎，或封蜡、套袋等。由于切口较大，可埋土，以防止水分蒸发，影响成活（见图5.9）。

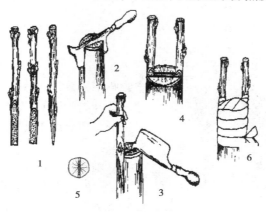

劈接繁殖

图5.9　劈接
1.接穗切削正、背、侧面　2.劈开砧木　3.接穗插入侧面　4.双穗插入正面
5.形成层结合断面　6.绑扎

　　③腹接：是在砧木腹部进行的枝接。一般砧木不断砧。多在生长季4—9月进行，常用于龙柏、五针松等常绿针叶树种。砧木的切削应在适当的高度，选择平滑面，自上而下深切一刀，切口深入木质部，达砧木直径的1/3左右，切口长2~3 cm，把接穗插入，绑扎即可。

　　④插皮接：是枝接中最易掌握，成活率最高的方法。要求砧木较粗，并易剥皮的情况下采用，砧木在距地面5 cm左右处截断，削平断面。接穗削成长达3~5 cm的斜面，厚度0.3~0.5 cm，背面削一小斜面，将大的斜面向木质部，插入砧木的皮层中。应留0.5 cm的伤口露在外面，这样可使留白处的愈合组织和砧木横断面的愈合组织相接，不仅有利于成活，且能避免切口处出现疙瘩而影响寿命（见图5.10）。

　　⑤靠接：这是一种比较原始的嫁接方法，主要用于比较珍贵又不易用一般方法嫁接成活的树种。嫁接时期可选在早春至生长季的前期。嫁接时，砧木和接穗都不脱离原有植株，而是将二者移植到能使选作砧木和接穗的枝条相互接触的位置。砧木和接穗粗细最好相同或相近。将砧、穗各削一刀，深可为粗的1/3左右，长度为3 cm左右，使二者切口相对，至少要有一侧的形成层相密接，然后进行捆缚。其他水、肥等各项管理按常规进行。靠接成活率高，一般都能成活。至秋季停止生长后，将接穗从接口下部处剪断，砧木从接口上部处剪断，即成为一个完整的嫁接苗（见图5.11）。

　　⑥髓心形成层贴接：多用于针叶树的嫁接。优点是接穗的髓心和砧木形成层接触面较大，而且容易紧密吻合。砧木整个切面几乎都有分生组织（形成层），接穗的髓射线细胞和髓的薄壁组织也在愈合中起积极作用，因而加速接穗和砧木的愈合，提高了成活率。即使接不活，对砧

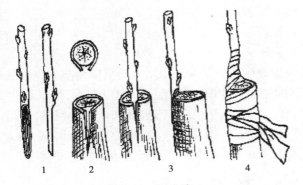

图 5.10　插皮接

1.接穗切削正、侧面　2.砧木切削纵、横断面

3.接穗插入砧木正、侧面　4.捆扎

图 5.11　靠接

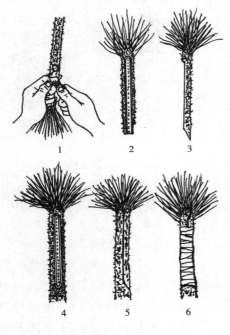

图 5.12　髓心形成层贴接

1.削接穗　2.接穗正面　3.接穗侧面

4.切砧木　5.接穗、砧木贴合　6.绑缚

木影响不大,可以重接。髓心形成层贴接最适期在砧木芽开始膨胀时;在秋季砧木和接穗当年生枝条已充分木质化时也能嫁接。其主要步骤如下(见图5.12):

a.削接穗　从接穗枝上剪取 8 ~ 9 cm 长的小枝,除了留下靠近顶芽的十多束针叶或 2 ~ 3 个轮生芽以外,其余针叶全部摘除。然后用锋利的刀自距顶芽 1.5 ~ 2 cm 处,通过髓心把接穗逐渐斜着切掉一半,留下的一半带有顶芽和针叶作接穗。经验证明,切掉的一定不要超过一半(最好 2/5),否则接芽会因缺乏养分,不易愈合而枯死。

b.切砧木　在砧木主枝一年生部分,选比接穗略粗的一段,除顶端留 15 个左右针叶簇外,把其余针叶和侧芽摘掉,摘针叶部分要比接穗长一些。然后用刀从上往下通过韧皮部和木质部之间切下一条树皮,露出形成层。切砧时要深浅合适,切面呈水白色为深浅合适。如呈浅绿色,是切浅了,留下了韧皮部;如呈暗白色,则是切深了,切到了木质部。砧木切面长度、宽度,要同接穗的切面一致。也可在砧干光滑处削切面。

c.贴合和绑扎　把接穗的切面贴在砧木的切面上,上下左右对准,左手托住砧木,用大拇指按着接穗下端和塑料带的一端,右手执塑料带的另一端,从下往上缠。缠时要一环压一环,并适当勒紧。缠到上端超过切口以后,再自上往下缠,到下端后,套个扣压住塑料带末端,使塑料带不松动。

d.管理　一个多月后,用剪刀把贴接成活的嫁接苗砧木主枝在靠近接口上端处剪掉,让接穗代替砧木主枝向上生长;同时把砧木上生长过旺的侧枝,特别是靠近接穗的大侧枝剪除或剪短一部分,以免把接穗挤到侧枝地位上去。当年侧枝可不全部剪除,避免把接穗"饿死"。以后

随着接穗的生长,逐渐将砧木侧枝全部剪除。

　　阔叶树也可用髓心形成层贴接法。接穗在芽反面上部 1 cm 处下刀,逆削至髓心,削面长 2 ~ 4 cm,并在削面下端的后面微斜削一刀,要求一刀削成。在砧木高 10 cm 左右处,由上而下削皮至形成层,稍带点木质,长短与接穗削面的长短相等。然后使接穗削面和砧木削面靠紧并绑紧(见图 5.13)。

　　其他枝接方法有舌接、根接(砧木用根)、桥接等,与上述嫁接方法大同小异,不再赘述。

　　(2)芽接　　凡是以芽为接穗的,皆为芽接。由于取芽的形状和结合方式不同,芽接可分以下几种:

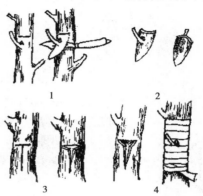

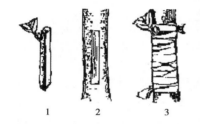

图 5.13　油茶髓心形成层贴接
1.削接穗　2.削砧　3.贴接并绑缚

图 5.14　"T"字形芽接
1.接穗切削　2.芽片形状
3.砧木切削　4.芽片插入包扎

T字形芽接

　　①"T"字形芽接:又称"丁"字形芽接、盾形芽接等。这是在育苗中应用最广,操作简便而且成活率高的嫁接方法,多在树木生长旺盛、树皮易剥离时进行。砧木一般选用 1 ~ 2 年生的小苗。芽接前,采取当年生新鲜枝条为接穗。其主要步骤如下(见图 5.14):

　　a.削芽片　　先将接穗上的叶片剪去,仅留叶柄。在需取芽的叶柄下部 0.7 ~ 1 cm 处下刀,向上斜切至芽上方 0.5 ~ 0.7 cm 处,然后在芽上 0.5 cm 处横切一刀,深至木质部。要求芽片长 1.5 ~ 2.5 cm,宽 0.6 cm,不带木质部。取芽时注意,防止撕去芽内侧的维管束。

　　b.切砧木　　在砧木离地 3 ~ 5 cm 处的光滑部位,将树皮横、纵各切一刀,深达木质部,成"T"字形,其长宽比接芽稍大些。

　　c.结合和绑缚　　用芽接刀骨柄挑开树皮,将芽片插入砧木切口,使芽片上端与砧木上切口对齐靠紧,用塑料薄膜带绑缚,仅露出芽及叶柄,便于检查成活。

　　②嵌芽接:当芽片不易剥离时,或春季实行芽接时,可选用此法。此法适用于大面积育苗。

嵌芽接

　　接穗上的芽,自上而下切取。在芽的上部往下平削一刀,在芽的下部横向斜切一刀,即可取下芽片,一般芽片长 2 ~ 3 cm,宽度不等,依接穗粗细而定。

　　在砧木选好的部位自上向下(稍带木质部)削一与芽片长宽均相等的切面,但不要全切掉,下部留有 0.5 cm 左右;然后将芽片插入后再把这部分贴到芽片上捆好即可。在取芽片和切砧木时,尽量使两个切口大小相近,形成层上下左右都能对齐,才有利于成活(见图 5.15)。

　　③方块芽接:当砧木与接穗的皮层厚度差异较大时常采用此法。所取芽片的形状为 1.0 ~ 1.5 cm 的方形,使芽位于芽片中部;在砧木上取下形状、大小与芽片相当的一块树皮,放入芽片

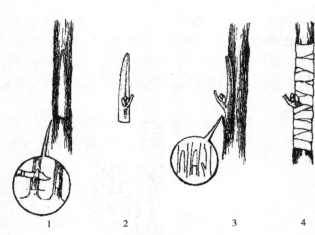

图 5.15　嵌芽接(带木质部芽接)

1.芽片切削　2.芽片形状　3.芽片嵌入　4.捆扎

绑缚即可。

④环状芽接:又叫套接,于春季树液流动后进行,用于皮部易于脱离的树种。在砧木上相距 2~2.5 cm 处环割两刀,深达木质部,再在两者之间纵切一刀,向两边拨开取下环皮。如砧木较粗,可在两环割之间纵割两刀,留一皮条,使剥下的部分与剥下的接穗一致。在接穗上按砧木切口相应长度环切两刀,并在芽背纵切一刀,取下环状芽片,勿使破裂,套在砧木的去皮部分,绑缚即可。此法由于砧、穗接触面大,形成层易愈合,可用于嫁接较难成活的树种(见图 5.16)。

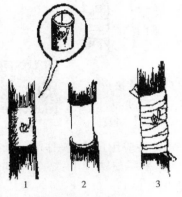

图 5.16　环状芽接

1.芽片切削　2.砧木切削　3.捆扎

7)嫁接后的管理

(1)检查成活率及松除绑缚物　枝接一般在接后 20~30 d 可进行成活率的检查。如果接穗上的芽已萌动,或虽未萌动而芽仍保持新鲜、饱满,接口处产生愈伤组织,表示成活;未成活则接穗干枯,或变黑,甚至腐烂。在进行成活检查时,可将绑缚物解除或放松。对接后进行埋土的,扒开检查后仍需以松土略加覆盖。对未成活的,可待砧木萌生新枝后,于夏、秋采用芽接法进行补接。

芽接一般 7~15 d 即可检查成活率。接芽上有叶柄的,用手指轻触叶柄,一触即落表示成活;叶柄干枯,表示有可能已死亡。接芽不带叶柄的,需解除缚扎物进行检查。如果芽片新鲜,已产生愈合组织的,表示嫁接成活,然后把绑扎物重新扎好。凡嫁接成活者,在萌发新梢长至 2~3 cm 时,及时解除绑缚物,以免影响其生长。

(2)剪砧　进行芽接的树种,芽接后已经成活的,必须进行剪砧,以促进接穗的生长。一般树种大多采用一次剪砧,既节约人工,又避免养分的无谓消耗。

对于嫁接成活困难的树种,可采用二次剪砧,第一次在接口上方 20 cm 处剪断砧木,留下一部分砧木枝梢可作为接穗的支柱,待接穗新梢木质化后,再进行第二次剪砧。如腹接的龙柏、五针松等就是这样。

(3)去萌蘖　嫁接成活后,往往在砧木上还会萌发不少萌蘖。萌蘖与接穗同时生长,这对接穗的生长很不利,需及时除去砧木上的萌蘖。

(4)立枝柱　当嫁接苗长出新梢时,如果遭到损伤,常常前功尽弃,故需及时立支柱。

(5)其他管理　嫁接苗的其他管理与播种苗同。

实训1　硬枝扦插育苗技术

1. 实训目的

使同学们掌握插穗选择与剪制、扦插方法及插后管理的技术,了解插穗的抽芽和生长发育规律。

2. 实训材料与工具

(1)材料　选用新疆杨、柳树等常见树种及金山绣线菊、锦带等常见花卉品种的插穗各若干。

(2)用具及药品　修枝剪、切条器、钢卷尺、盛条器、测绳、喷水壶、铁锹、平耙、生根粉或萘乙酸、酒精、天秤、量筒等。

3. 实训方法

1)采条

选择生长健壮、品种优良的幼龄母树,取组织充分木质化的 1~2 年生枝条作插穗。落叶树种在秋季后到翌春发芽前剪枝;常绿树插条,应于春季萌芽前采取,随采随插。

2)插穗剪制

将粗壮、充实、芽饱满的枝条,剪成 15~20 cm 的插条。每个插条上带 2~3 个发育充实的芽,上切口距顶芽 0.5~1 cm,下切口靠近下芽,上切口平剪,下切口斜剪。

3)插穗的处理

将切制好的插穗50根或100根捆一捆(注意上、下切口方向一致),竖立放入配制好的溶液中,浸泡深度 2~3 cm,浸泡时间 12~24 h,浸泡浓度为 500×10^{-6}。

4)扦插

(1)扦插方法　直接插入法,插穗与地面垂直。

(2)深度　插穗入土深度为插穗长度的2/3。

(3)插穗入土后应充分与土壤接触,避免悬空。

(4)株行距　株距 10 cm,行距 20~25 cm。

(5)浇水　插后立即灌足底水。

5)管理工作

(1)插后立即浇一次透水,以后保持插床浸润。

(2)遮阴　为了防插条因光照增温,苗木失水,插后 4~5 个月应搭荫棚遮阴降温。

(3)抹芽　扦插成活后,当新苗长至 15~30 cm,应选取一个健壮的直立芽保留,其余除去。

(4)施肥　适当施入浓度淡的速效性化学肥料。

6）扦插及其后注意事项

(1) 防止倒插。

(2) 保持上芽基部与地面平行。

(3) 插后立即灌水。

(4) 插穗与土壤密接。

(5) 粗细不同应分级扦插，以达生长整齐，减少分化。

(6) 插后要经常保持土壤浸润。

(7) 常绿树应搭棚遮阴。

(8) 阔叶树应注意除萌抹芽。

4. 实训报告

(1) 将扦插实习过程记录、整理成报告。

(2) 调查扦插成活率，并记入表5.3中。

表5.3　扦插成活记录表

品　种	扦插数量/株	成活数量/株	成活率/%

调查人_____　调查日期_____

实训2　园林植物嫁接技术

1. 实训目的

使同学们掌握嫁接育苗的生产过程，了解嫁接砧木培育、接穗选取，学会嫁接方法及接后管理。

2. 实训材料与工具

(1) 接穗　各种类型的接穗、接芽。

(2) 砧木　各种规格。

(3) 工具　修枝剪、芽接刀、枝接刀、盛穗容器、湿布、塑料绑扎条若干、油石等。

3. 实训方法

1）芽接

(1) 剪穗　采穗母本必须是具有优良性状、生长健壮、无病虫害的植株。选采穗母本冠外

围中上部向阳面的当年生、离皮的枝作接穗。采穗后要立即去掉叶片(带0.5 cm左右的叶柄),注意穗条水分平衡。

(2)嫁接方法 主要进行"T"字形芽接和嵌芽接实习。

(3)嫁接技术 切削砧木与接穗时,注意切削面要平滑,大小要吻合;绑扎要紧松适度;叶柄可以露出,也可以不外露。

(4)管理 接后要及时剪断砧木,两周内要检查成活率并解绑,适时补接和除萌以及采取其他管理措施。

2)枝接

(1)采穗 枝接采穗要求用木质化程度高的1~2年生的枝,穗可以不离皮。

(2)嫁接方法 主要进行劈接、切接、插皮接等的实习。

(3)嫁接技术 切削接穗与砧木时,注意切削面要平滑,大小要吻合;砧木和接穗的形成层一定要对齐,绑扎要紧松适度,接后要套袋或封蜡保湿。

(4)嫁接后及时检查成活率,及时松绑,做好除萌、立支柱等管理工作。

3)嫁接注意事项

(1)嫁接操作技术要领 齐、平、快、紧、净。

(2)嫁接刀具锋利。

(3)切削砧、穗时,不撕皮,不破损木质部。

4)嫁接苗管理

(1)挂牌。

(2)检查成活率,松绑。

(3)剪砧、抹芽和除萌蘖。

(4)扶正。

(5)补接。

(6)田间管理。

4.实训报告

(1)将各种嫁接方法的操作过程整理成实习报告。

(2)调查嫁接成活率,填写表5.4。

表5.4 嫁接成活调查表

嫁接方法与种类	嫁接日期	嫁接数量/株	愈合情况	成活数量/株	成活率/%

调查人_____ 调查日期_____

实训 3　园林植物分株、压条技术

1. 实训目的

使学生掌握分株、压条无性繁殖的意义及其方法。

2. 实训工具

铁锹、修枝剪、铲、锄、喷壶或喷雾器等。

3. 实训方法

1）分株繁殖

分株繁殖是利用某些树种能够萌生根蘖或灌木丛生的特性,把根蘖或丛生枝从母株上分割下来,进行栽植,使之形成新植株的一种繁殖方法。

（1）分株时期　主要在春、秋两季进行。由于分株法多用于花灌木的繁殖,因此要考虑到分株对开花的影响。一般春季开花植物宜在秋季落叶后进行,而秋季开花植物应在春季萌芽前进行。

（2）分株方法

①灌丛分株:将母株一侧或两侧土挖开,露出根系,将带有一定茎干(一般 1~3 个)和根系的萌株带根挖出,另行栽植。挖掘时注意不要对母株根系造成太大的损伤,以免影响母株的生长发育,减少以后的萌蘖。

②根蘖分株:将母株的根蘖挖开,露出根系,用利斧或利铲将根蘖株带根挖出,另行栽植。

③掘起分株:将母株全部带根挖起,用利斧或利刀将植株根部分成有较好根系的几份,另行栽植。

2）压条繁殖

（1）波状压条法　适用于枝条长而柔软或为蔓性的树种,如紫藤、迎春等。即将整个枝条呈波浪状压入沟中,枝条弯曲的波谷压入土中,波峰露出地面。

（2）水平压条法　适用于枝长且易生根的树种,如连翘、紫藤等。

（3）培土压条法　也叫直立压条法,适用于丛生性和根蘖性强的树种,如杜鹃、木兰、贴梗海棠、八仙花、玫瑰等。

（4）高压法　也叫空中压条法。凡是枝条坚硬、不易弯曲,或树冠太高、枝条不能弯到地面的树枝,可采用高压繁殖。高压法一般在生长期进行。

4. 实训报告

将分株、压条的方法与步骤整理成实训报告。

本章小结

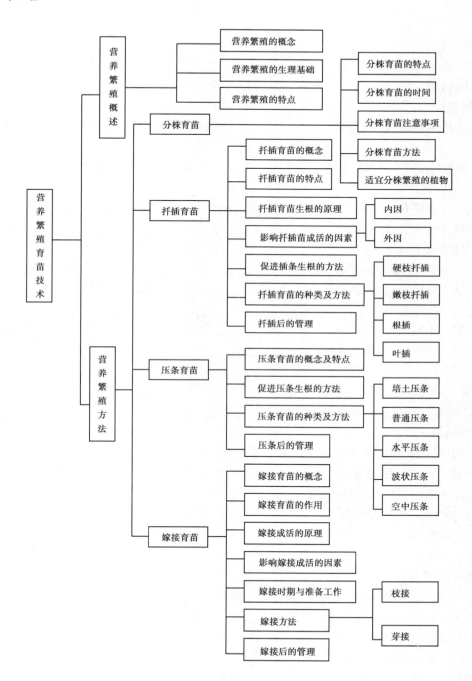

复习思考题

一、名词解释

1.营养繁殖　2.再生能力　3.根蘖　4.茎蘖　5.分株繁殖　6.压条繁殖　7.扦插繁殖　8.嫁接　9.接穗　10.砧木　11.枝接　12.芽接　13.亲和力

二、填空题

1.插条成活的关键在于插穗能否_____，嫁接能否成活的前提决定于砧木和接穗之间的_____。

2.松脂较多的针叶树，要将枝条下端浸入_____℃温水中2 h，使树脂溶解，以利切口愈合生根。

3.软枝扦插是在生长期中应用_____枝条进行扦插繁殖的方法。

4.扦插育苗的方法主要有_____、_____、_____、_____、_____、_____。

5.促进插穗生根的方法有_____、_____、_____。

6.影响扦插成活的外部因素有_____、_____、_____、_____和_____。

7.芽接2周检查，如果接芽_____，叶柄_____，说明接芽成活。

8.低压法压条育苗主要有_____、_____、_____、_____4种方法。

9.球茎分生繁殖方法主要有_____、_____。

10.木本植物嫁接成活的关键是_____。

11.扦插分为_____、_____。

12.仙人掌类嫁接成活关键是_____。

13.影响嫁接成活的外界因素有_____、_____、_____、_____。

三、选择题

1.下列树种中，最适用嫁接法培育苗木的一组是(　　　)。

A.杨柳　　　　　B.苹果、柿树　　　　　C.刺槐、合欢　　　　　D.油松、华山松

2.桂花一般适用压条繁殖中的(　　　)方法繁殖。

A.水平压条　　　B.空中压条　　　　　C.普通压条　　　　　D.堆土压条

3.剪插穗时，上剪口距上芽(　　　)。

A.0.2 cm　　　　B.0.4 cm　　　　　C.1.5～2 cm　　　　　D.0.5～1 cm

4.硬枝扦插多在(　　　)进行。

A.春季　　　　　B.夏季　　　　　　C.秋季　　　　　　　D.冬季

5.嫩枝扦插时基质的温度比空气温度高出(　　　)有利于插穗生根。

A.5～6 ℃　　　　B.2～3 ℃　　　　　C.7～8 ℃　　　　　　D.9～10 ℃

6.百合主要的繁殖方法为(　　　)。

A.扦插　　　　　B.分球　　　　　　C.播种　　　　　　　D.嫁接

7.嫩枝扦插的适宜时期是(　　　)。

A 春季　　　　　B.秋季　　　　　　C.夏季　　　　　　　D.生长季

8.草本植物嫁接通常采用(　　　)。

A. 切接　　　　　B. 劈接　　　　　　　C. 插皮接　　　　　　D. 芽接

9. 母树年龄影响插穗生根,扦插成活率最高的采条母树是(　　　)。

A. 苗木　　　　　B. 幼树　　　　　　　C. 青年期树　　　　　D. 成年期树

10. 易生根树种插穗的年龄一般应为(　　　)。

A. 0.5 年生　　　B. 1 年生　　　　　　C. 2 年生　　　　　　D. 3 年生

11. 以下情况亲和力最强的是(　　　)。

A. 同种不同个体间　　　　　　　　　　B. 同属不同树种间

C. 属于属树种间　　　　　　　　　　　D. 科与科树种间

12. 枝接最佳的季节是(　　　)。

A. 春季　　　　　B. 夏季　　　　　　　C. 秋季　　　　　　　D. 冬季

13. 在砧木和接穗皮层不易剥离时进行芽接应选(　　　)。

A. 丁字形芽接　　B. 方块形芽接　　　　C. 套芽接　　　　　　D. 带木质部嵌芽接

14. 下列哪一外界条件对插穗生根影响不大(　　　)。

A. 土壤温度　　　B. 土壤水分　　　　　C. 土壤肥力　　　　　D. 光照

15. 下列哪一部位不是植物形成愈伤组织的主要部分(　　　)。

A. 木质部　　　　B. 形成层　　　　　　C. 髓射线　　　　　　D. 髓

四、判断题

1. (　　　)带木质部贴芽接一般不受接穗离皮与否的季节限制。

2. (　　　)枝接时间一般以春季树液开始流动时最为理想。

3. (　　　)制穗时下剪口一般在芽的下方 0.3 ~ 0.5 cm 处。

4. (　　　)贮藏接穗时,检查接穗是否有生命力,如枝梢皮层有皱缩变色现象说明接穗有生命力。

5. (　　　)嫩枝扦插的适宜深度为插穗长的 1/3 ~ 1/2。

6. (　　　)扦插时基质的温度应稍低于空气温度,才易成活。

7. (　　　)用化学药剂处理插穗时应严格掌握药剂的浓度和处理时间。

8. (　　　)马蹄莲多采用扦插方法繁殖。

9. (　　　)嫁接成活的关键是髓心对接。

10. (　　　)嫩枝扦插多在春季进行。

11. (　　　)T 字形芽接应在树不离皮时进行。

12. (　　　)芽接应先断砧再嫁接。

13. (　　　)嫁接育苗时砧木最好选用实生苗。

14. (　　　)压条繁殖时枝条必须生根后才能剪离母株。

15. (　　　)配制生长激素溶液通常用水直接溶解。

16. (　　　)为提高扦插成活率,应设法使气温高于地温。

17. (　　　)劈接时,接穗两侧都削成 3 ~ 4 cm 长的楔形。

18. (　　　)嫩枝扦插时,所带叶片越多越好。

19. (　　　)同一母树,同一枝龄的插条,细的比粗的容易生根。

20. (　　　)一般树冠阴面的枝条比树冠阳面的枝条容易生根。

五、问答题

1. 营养繁殖都有什么优缺点?

2. 扦插繁殖有何优点和不足?

3. 影响扦插成活的内在因素有哪些? 采什么的插条容易生根,容易成活? 为什么?

4. 影响扦插成活的外界因素有哪些?

5. 影响愈合组织形成的条件有哪些?

6. 影响嫁接成活的外部因素中, 什么是主要因素? 为什么?

6 园林苗圃育苗新技术

【知识要点】

本章结合我国园林苗木的生产现状,系统介绍了园林苗木组织培养技术、容器育苗技术等,这几种育苗技术可与传统育苗技术相结合,在苗木生产中可以缩短育苗周期,提高育苗效率和质量,使苗木生产逐步工厂化、现代化。

【学习目标】

1. 掌握植物组织培养、容器育苗的概念、特点、分类、发展特点及应用范围;
2. 掌握容器育苗中培养基质的原料来源和培养基质的配方、配制方法;
3. 熟练进行植物组织培养技术操作;
4. 熟练进行容器苗的培育。

6.1 组织培养育苗技术

6.1.1 组织培养育苗的特点及应用

组织培养是把植物的部分器官、组织、细胞以及原生质体等,在无菌和人工控制的条件下,接种到培养基上,使之形成完整植株的繁殖方法。植物细胞全能性是植物组织培养的理论基础。

1)植物组织培养的特点

(1)优点

①繁殖系数大:半年内可由一株苗木繁殖 100 万株新个体。

②解决常规育苗困难的问题。

③能培育脱毒苗:培养茎尖分生组织(0.2~0.3 mm),可以脱掉病毒,育出无病毒苗(又称脱毒苗)。脱毒苗抗逆性强,质优,生长旺盛。

④不受季节限制:一年四季均可进行,可实现工厂化育苗。

⑤利于种质资源的保存。

（2）缺点

①需要一定的设备条件,技术要求较高,操作人员需要专门的培训。

②试验阶段成本较高。

2）植物组织培养的分类

（1）依据用作外植体的植物材料划分

①植株培养:是以具备完整植株形态的材料(如幼苗、较大植株)为外植体的无菌培养。常用于提供适合接种的外植体,或用于研究植株在某些培养基上的反应等。

②器官培养:即以很少的植物器官(如根尖和根切段,茎尖、茎节和茎切段,叶原基、叶片、叶柄、叶鞘、子叶,花瓣、花药、花丝,果实、种子等)为材料进行无菌培养,形成新植株。

③胚胎培养:即指通过对幼胚、子房等的培养,使之发育不完全的胚胎部分,形成完整植株的过程。它又可分为胚乳培养、原胚培养、胚珠培养、种胚培养等。胚胎培养在某种程度上可克服远缘杂交胚的败育障碍。采用胚乳进行培养,为三倍体植物育种开辟了新的途径。

④组织培养:是以分离出的植物各部位的组织(如分生组织、形成层、木质部、韧皮部、表皮、皮层、胚乳组织、薄壁组织、髓等)或诱导出的愈伤组织为外植体的无菌培养。这是狭义的组织培养。

⑤细胞培养:指对单个离体细胞或较小细胞团的培养。

⑥原生质体培养:指对去掉细胞壁后所获得的原生质体的离体培养,通常分为非融合培养、融合培养等类型。此类培养可进行植物体细胞杂交,形成新个体,为品种改良开辟新途径。

（2）依据所用的培养基不同来划分

①固体培养:即使用固体培养基进行组织培养。

②液体培养:即使用液体培养基进行组织培养。它又可细分为静止培养、旋转培养、振荡培养等。

3）植物组织培养的应用

（1）无性系的快繁　对于不能用普通繁殖法或用普通繁殖法繁殖太慢的植物,如兰科植物、蕨类植物和许多观叶植物,组织培养技术是实现商品化生产的最佳途径。同时,对于新育成品种、新引进品种、稀缺品种、濒危植物和优良单株等可扩大繁殖。一个新育成品种问世后,可在两三年内迅速推广。

（2）脱毒苗培育　即利用植物茎尖上病毒分布少甚至没有病毒的特点,进行培养、增殖。使用无病毒种苗,可以减少直至杜绝病毒病的传播。

6.1.2　植物组织培养的基本设备

1）植物组织培养实验室

在进行组织培养之前,首先要建立实验室。实验室主要包括准备室、接种室、培养室。

（1）准备室　用以进行组培时所需器具的洗涤、干燥、保存;蒸馏水的制备;培养基的配制、分装、包扎和高压消毒;处理大型植物材料,以及进行生理、生化的分析等各种操作。其要求与一般化学实验室相同,需要的设备和用具有:天平、酸度计、冰箱、烘箱、实验台、药品柜、洗涤用水槽、各种试剂瓶和容量瓶等。

(2)接种室(无菌室)　要求室内干爽、安静、清洁、明亮,保持良好的无菌或低密度有菌状态。主要用于培养材料的表面消毒、外植体的接种、无菌材料的继代转接等。室内设超净工作台、紫外灯、双目实体解剖镜、接种工具等。

(3)培养室　要求室内洁净、干燥,是进行初代、继代、生根培养的场所。主要设备和用具有:空调、培养架、定时器、日光灯、光照培养箱等。

2)仪器设备

(1)制备培养基设备　分析天平、托盘天平、冰箱、培养基分装器、蒸馏水器、酸度计等。

(2)灭菌设备　高压蒸汽灭菌锅、干燥箱、细菌过滤器等。

(3)接种设备　超净工作台、接种箱、灭菌器、解剖镜等。

(4)培养设备　光照培养架、培养箱、空气调节器、摇床、除湿机等。

(5)器皿和用具　试管、三角瓶、培养皿、试剂瓶、搪瓷锅、量筒、镊子、剪刀、解剖刀、酒精灯等。

6.1.3　培养基及其制备

1)培养基的基本组成

组织培养的培养基种类较多,包括无机营养、有机成分、碳素、琼脂、生长调节剂、糖、水等。

(1)无机营养

①大量元素:一般指浓度大于 0.5 mmol/L 的营养元素,包括 C,H,O,N,P,K,Ca,Mg,S 等。它们是植物细胞中合成核酸、蛋白质、酶系、叶绿素等必不可少的营养元素。

②微量元素:包括 Fe,Cu,Mo,Na,Zn,Mn,B,Co 等。它们在植物的生命活动中,多以辅基形式在酶系中起着重要的作用。在培养基中添加 $10^{-7} \sim 10^{-5}$ mmol/L 即可满足需要。

(2)有机成分

①维生素:主要有维生素 B_1(盐酸硫胺素)、维生素 B_3(烟酸)、维生素 B_6(盐酸吡哆素)、生物素、叶酸等。它们以辅酶的形式参与酶系的活动及细胞蛋白质、脂肪、糖代谢等重要的生理活动。

②氨基酸:主要有甘氨酸、丙氨酸、丝氨酸、酪氨酸、谷氨酰胺等。它们能促进不定芽、胚状体的分化。

③肌醇:利于活性物质发挥作用,并参与糖代谢,能促进培养物快速生长。

(3)糖　最好的是蔗糖,其次是葡萄糖和果糖。糖是不可缺少的碳源和能源,还可维持一定的渗透压。愈伤组织与不定芽诱导最适的蔗糖浓度为3%。

(4)琼脂　从海藻中提取,主要组分为无取代的琼脂糖。其本身没有任何营养成分,遇热液化,在常温下固化。其无毒、无味,化学性质稳定,且可使培养基中各种可溶性物质均匀地扩散分布。一般用量为7%,培养基偏酸时其用量酌情增加。加热时间过长,环境温度过高,均会影响固化。

（5）植物生长调节剂　常用的主要有三大类：细胞分裂素类、生长素类、赤霉素类，对不定芽、胚状体、不定根等起重要作用。

①细胞分裂素类：包括激动素（KT）、玉米素（ZT）、6-苄基氨基嘌呤（6-BA）等。其作用强弱依次是 ZT > BA > KT。它们具有促进细胞分裂、延缓组织衰老、诱导不定芽分化等作用。

②生长素类：包括萘乙酸（NAA）、吲哚乙酸（IAA）、吲哚丁酸（IBA）、2,4-D 等。其作用强弱依次是 2,4-D > NAA > IBA > IAA。它们能促进不定根分化，低浓度 2,4-D 有利于胚状体的分化。

③赤霉素类：通常使用赤霉酸 GA_3，它能促进已分化芽的伸长，但不利于不定芽、不定根的分化。

（6）水　科研工作中宜选用蒸馏水或饮用纯净水。工厂化大量生产时，可就近选择水质软、清洁、无毒害的水源。

（7）其他

①天然生长促进物质：主要有麦芽提取液、酵母提取液、黄瓜汁、番茄汁、椰子汁、柑橘汁等，用于离体胚珠和胚培养。

②活性炭：吸附非极性物质和色素等大分子。通常使用浓度为 0.5～10 g/L，对防止褐变有较为明显的效果。

③防止褐变的添加剂：常用的防止褐变的氧化试剂有抗坏血酸、谷胱甘肽、半胱氨酸及其盐酸盐等。

2）MS 培养基

MS 培养基（Murashige 和 Skoog，1962）的主要成分如表 6.1 所示。

表 6.1　MS 培养基[①]的主要成分表

化合物	质量浓度/($mg \cdot L^{-1}$)	化合物	质量浓度/($mg \cdot L^{-1}$)
$CaCl_2 \cdot 2H_2O$	440	$Na_2MoO_4 \cdot 2H_2O$	0.25
KNO_3	1 900	$CuSO_4 \cdot 5H_2O$	0.025
$MgSO_4 \cdot 7H_2O$	370	$CoCl_2 \cdot 6H_2O$	0.025
NH_4NO_3	1 650	甘氨酸	2
KH_2PO_4	170	盐酸硫胺素	0.1
铁盐[②]	5 mL	盐酸吡哆素	0.5
$MnSO_4 \cdot 4H_2O$	22.3	烟酸	0.5
$ZnSO_4 \cdot 7H_2O$	8.6	肌醇	100
H_3BO_3	6.2	蔗糖	30 000
KI	0.83	琼脂	6 000～10 000

①一般培养基 pH = 5.6～5.8，有时达 6.0；对于少数喜酸性植物，pH = 4.6～5.4。

②铁盐：7.45 g EDTA-Na_2（乙二胺四乙酸钠）和 5.57 g $FeSO_4 \cdot 7H_2O$ 溶于 1 L 水中，每升培养基取此液 5 mL。

3）其他常用培养基

尼许培养基（Nitsch，1951）、米勒培养基（Miller，1963）、改良怀特培养基（White，1963）、LS

培养基（Linsmaier 和 Skoog,1965）、H 培养基（Bourgin 和 Nitsch,1967）、T 培养基（Bourgin 和 Nitsch,1967）、B_5 培养基（Gamborg 等,1968）、N_6 培养基（朱至清等,1974）、KM-80 培养基（1974）等,也是常用的培养基。

4）培养基制备技术

（1）准备工作　玻璃器皿的洗涤是组培中很重要的准备工作。洗涤的质量对组培的结果有很大影响。清洗程序一般为:清水冲洗→洗洁精水刷洗→清水冲洗→用蒸馏水冲 1～2 次→晾干或烘干备用。洗涤后的玻璃器皿空置时间不要过长,最好不超过两周。

（2）母液配制　在组织培养的过程中,配制培养基是日常必做的工作。通常先将各种药品配制成浓缩一定倍数的母液,又称为浓缩贮备液。以 MS 培养基为例,配制各种母液和 1 L 培养基所需各种母液的吸取量,如表 6.2 所示。

表 6.2　MS 培养基母液的配制

化合物名称	原配方量/mg	扩大倍数	称取量/mg	母液体积/mL	1 L 培养基应移取量/mL	母液名称
NH_4NO_3	1 650	10	16 500			
KNO_3	1 900	10	19 000			
$CaCl_2 \cdot 2H_2O$	440	10	4 400	1 000	100	大量元素母液
$MnSO_4 \cdot 4H_2O$	370	10	3 700			
KH_2PO_4	170	10	1 700			
$MnSO_4 \cdot 4H_2O$	22.3	100	2 230			
$ZnSO_4 \cdot 7H_2O$	8.6	100	860			
$CoCl_2 \cdot 6H_2O$	0.025	100	2.5			
$CuSO_4 \cdot 5H_2O$	0.025	100	2.5	1 000	10	微量元素母液
H_3BO_3	6.2	100	620			
$Na_2MoO_4 \cdot 2H_2O$	0.25	100	25			
KI	0.83	100	83			
$FeSO_4 \cdot 7H_2O$	27.8	100	2 780	1 000	10	铁盐母液
Na_2-EDTA	37.3	100	3 730			
烟酸(V_{pp})	0.5	50	25			
盐酸吡哆醇（VB_6）	0.5	50	25			
盐酸硫胺素（VB_1）	0.1	50	5	500	10	有机物母液
肌醇	100	50	5 000			
甘氨酸	2	50	100			

①大量元素母液的配制:大量元素母液可配成浓度 10 倍母液。用感量 0.01 g 的天平按表

6.2 称取药品,分别加蒸馏水溶解后,再用磁力搅拌器搅拌,促进溶解。注意 Ca^{2+} 和 PO_4^{3-} 易发生沉淀。一般先将前 4 种药物溶解混合后,倒入 1 000 mL 容量瓶中,再加入 $CaCl_2 \cdot 2H_2O$ 溶液,最后再加水定容至刻度,成为 10 倍母液。

②微量元素母液的配制:可配成浓度 100 倍母液。用感量 0.000 1 g 分析天平按表 6.2 准确称取药品后,分别溶解,混合后加水定容至 1 000 mL。

③铁盐母液的配制:可配成 100 倍的母液。按表 6.2 称取药品,可加热溶解,混合后加水定容至 1 000 mL。

④有机物母液的配制:可配成 50 倍的母液。按表 6.2 分别称取药品,溶解,混合后加水定容至 500 mL。

⑤激素母液的配制:每种激素必须单独配成母液,浓度一般配成 1 mg/mL,用时根据需要取用。因为激素母液用量较少,一次可配成 50 mL 或 100 mL。另外,多数激素难溶于水,要先溶于可溶物质,然后才能加水定容。可采取以下方法配制:

a. 将 NAA,IAA,IBA 称取量,先溶于少量的 95% 的酒精中,再加水定容至一定浓度。

b. 将 6-BA,KT,ZT 称取量,先溶于少量 1 mol/L 的 HCL 中,再加水定容。

c. 2,4-D 可用少量 1 mol/L NaOH 溶解后,再加水定容到一定浓度。

配制好的母液瓶上应分别贴上标签,注明母液名称、配制倍数、日期及配 1 L 培养基时应取的量。将各母液瓶放入普通冰箱内临时保存,或置于低温(1～5 ℃)冰箱内长期保存备用。

(3)培养基的配制　配制 1 L 培养基,按表 6.2 用量筒移取大量元素母液 100 mL,用专一对应的移液管分别吸取微量元素母液 10 mL、铁盐母液 10 mL、有机物母液 10 mL,按配方移取一定浓度的激素母液形成药剂混合液。将不锈钢锅加入一定量水,加入琼脂 7 g 加热溶解,边加热边搅拌,防止糊底,旺火煮开,再用文火加热,直至琼脂全部融化。加入 30 g 蔗糖溶解后,加入药剂混合液,再加蒸馏水定容至刻度。立即用 0.1 mol/L 的 NaOH 或 HCl 调节 pH 值,然后分装于容器中。

(4)培养基的分装与灭菌　配制的培养基要趁热分装,100 mL 的容器装入 30～40 mL 培养基,即 1 L 培养基分装 35 瓶左右。分装时不要把培养基弄到瓶壁上,以免落菌污染。装后封口准备灭菌。灭菌时打开锅盖,加水至水位线,把已装好培养基的三角瓶,连同蒸馏水及接种用具等放入高压灭菌锅内。放入时不要过分倾斜培养基,以免弄到瓶口上或流出。然后盖上锅盖,对角旋紧螺丝,接通电源加热。当温度上升至 121 ℃时,维持 20 min。

(5)培养基保存

培养基从高压灭菌锅中取出后,应立即平放在平整的桌面或斜面架上,直至培养基冷却凝固后再将它们转移。已经配制好的培养基最好经过 3 天的预培养,防止灭菌不彻底的培养基在接种后被菌类污染而造成不必要的损失。

①防尘:对于中小规模的生产者来说,通常将培养基存放于普通的房间里。此时要特别注意防尘工作,且在使用前要进行表面消毒。

②避光:备用的培养基应贮藏于暗处,特别是在培养基中含有易于光解的吲哚乙酸等物质时更要注意。此外,在光照条件下,培养基的某些添加成分如椰乳会发生变化,不能达到预期的培养效果。

③恒温:当培养基冷却后,可于 4 ℃左右的温度条件下贮藏 3～6 周。在贮藏过程中应避免环境温度大幅度的变化。因气温骤升或骤降会使培养容器内的空气随之热胀冷缩,加大菌类进

入培养基的机会。

④定期更新：由于培养基的水分散失、某些培养基成分光解变质的必然性，即使所贮存的培养基从外观上看不出什么变化，也必须定期更新，不宜长期贮藏。

6.1.4　植物组织培养操作过程

1)外植体获取与消毒

（1）外植体的获取　从田间采回的准备接种用的材料，称为外植体。对外植体进行表面消毒，获得无菌材料，是组织培养成功的重要环节。

组织培养所选用的外植体，可为植物的茎尖、侧芽、叶片、叶柄、花瓣、花萼、胚轴、鳞茎、根茎、花粉粒、花药等器官。以快繁为主要目的时，大多采用茎尖、侧芽等。一般情况下，生长期较幼嫩的材料茎尖、嫩叶、花蕾等部位更容易分化，培养效果较好。到田间取材时，一般应准备塑料袋、锋利的刀剪、标签、笔等。取材时间应选在晴天上午10:00左右，阴雨天不宜。同时应尽量选择离开地表、老嫩适中的材料，要从健壮无病的植株上选取外植体。

从田间植株上采取的外植体比从温室植株上采到的外植体更易受感染。如果我们必须从田间植株上采取外植体，最好先把这个植株种在室内的容器内，让其在室内发育新的嫩芽，然后用新发育成的嫩芽进行培养。在室内种植时，采用无土栽培，基质灌溉，保持36～38 ℃的温度条件下生长几天或几个月，在这种条件下长出来的新梢不易造成污染。

（2）外植体的消毒　外植体在进行表面消毒前需先预处理。对于从温室中采集的外植体，可置于烧杯中，放在水龙头下，用流动的自来水冲洗20～60 min（大田中采集的外植体要冲洗2 h以上），而后再用无菌水漂洗1～3次。不同外植体的处理方法不同，经预处理的外植体一般按表6.3的顺序进行消毒。

表6.3　植物不同外植体的消毒程序

组织	消毒程序			备　注
	第1步	第2步	第3步	
种子	70%的乙醇中浸泡10 min后，再用无菌水漂洗	10%的次氯酸钠浸20～30 min	无菌水洗3次，在无菌水中发芽；或无菌水洗5次，在滤纸上发芽	用幼根或幼芽发生愈伤组织
果实	70%的乙醇迅速漂洗	2%的次氯酸钠浸10 min	无菌水反复冲洗，再剥除种子或内部组织	获得无菌苗
茎切段	自来水洗净后，再用70%的乙醇漂洗	2%的次氯酸钠浸15～30 min	无菌水冲洗3次	直立在琼脂培养基上，或切取出组织进行培养
贮藏器官	自来水洗净	2%的次氯酸钠浸20～30 min	无菌水冲洗3次，滤纸吸干	从消毒材料内部取出组织进行培养

续表

组织	消毒程序			备　注
	第1步	第2步	第3步	
叶片	自来水洗净后吸干,再用纯酒精漂洗	0.1% 的氯化汞浸 1 min,或 10% 的次氯酸钠浸 15～20 min	无菌水反复冲洗,滤纸吸干	选用嫩叶,叶片平放在培养基上,或叶柄插入培养基内
根	自来水洗净(凹凸不平处用毛刷轻刷)吸干后,放入 70% 的乙醇中漂洗	0.1%～0.2% 的氯化汞浸 5～10 min	无菌水反复冲洗,滤纸吸干	

2)接种

接种是组织培养过程中易于污染的一个环节,操作过程必须在无菌条件下进行。

(1)接种前的准备工作

①每次接种或继代繁殖前,应提前 30 min 打开接种室和超净工作台上的紫外线灯进行消毒,然后打开超净工作台的风机,吹风 10 min。

②操作人员进入接种室前,用肥皂和清水将手洗干净,换上经过消毒的工作服和拖鞋,并戴上工作帽和口罩。

③开始接种前,用 70% 的酒精棉球仔细擦拭手和超净工作台面。

④准备一个灭过菌的培养皿或不锈钢盘,内放经过高压消毒的滤纸片。解剖刀、医用剪刀、镊子、解剖针等用具应预先浸在 95% 的酒精溶液内,置于超净工作台的右侧。每个台位至少备两把解剖刀和两把镊子,轮流使用。

⑤接种前先点燃酒精灯,然后将解剖刀、镊子、剪子等在火焰上方灼烧后,晾于架上备用。

(2)接种技术

①用镊子将植物材料夹到已高压消毒、盛有滤纸的培养皿中,在超净工作台上将外植体切成 3～5 mm 的小段,在双筒解剖镜下剥离的茎尖分生组织大小为 0.2～0.3 mm,经过热处理的材料可带 2～4 个叶原基,切生长点长约 0.5 mm。

②将培养瓶倾斜拿住,打开瓶塞前,先在酒精灯火焰上方烤一下瓶口,然后打开瓶塞,并尽快将外植体接种到培养基上。注意,材料一定要嵌入培养基,而不是放在培养基上面或全部埋入培养基内。塞回瓶塞以前,再在火焰上方烤一下。

③每切一次材料,解剖刀、镊子等都要放回酒精内浸泡,并灼烧。

除上述常规操作步骤以外,对于新建的组织培养室首次使用以前,必须进行彻底的擦洗和消毒。先将所有的角落擦洗干净,然后进行熏蒸消毒(即用甲醛和高锰酸钾混合,产生大量蒸汽消毒),其后再用紫外线灯照射。

3)培养

(1)初代培养　也称诱导培养。培养基由于植物种类的不同而不同,通常是 MS 基本培养基加入适量的植物生长调节剂及其他成分。首先在一定温度(22～28 ℃)下进行暗培养,待长出愈伤组织后转入光培养。如对于赤道附近的花卉,应在恒温状态下培养;而对原产于温带的花卉,用变温培养效果更好。此阶段主要诱导芽体解除休眠,恢复生长。

(2)继代培养 也称增殖培养。将见光变绿的芽体组织从诱导培养基转接到芽丛培养基上,在每天光照 12 ~ 16 h,光照强度 1 000 ~ 2 000 lx 条件下培养,不久即产生绿色丛生芽。将芽丛切割分离,进行继代培养,扩大繁殖,平均每月增殖一代,每代增殖 5 ~ 10 倍。为了防止变异或突变,通常只继代培养 10 ~ 12 次。根据需要,一部分进行生根培养,一部分仍继代培养。

(3)生根培养 培养基通常为 1/2 MS 培养基加入适量的植物生长调节剂,如 1/2 MS + NAA 或 IBA(0.1 mg/L)。切取增殖培养瓶中的无根苗,接种到生根培养基上进行诱根培养。有些易生根的植物在继代培养中通常会产生不定根,可以直接将生根苗移出进行驯化培养。或者将未生根的试管苗长到 3 ~ 4 cm 长时切下来,直接栽到蛭石为基质的苗床中进行瓶外生根,效果也非常好,省时省工,降低成本。这个阶段可筛选淘汰生长不良和感病的试管苗。

(4)驯化培养 发根的组培苗(或称试管苗)从培养瓶中移出,在温室中栽培。至植株长大发生 5 ~ 6 片叶为止的过程,为驯化培养阶段,这是组培苗从异养到自养的阶段。

组培苗移出前,要加强培养室的光照强度和延长光照时间,进行光照锻炼,一般进行 7 ~ 10 d。再打开瓶盖,让试管苗暴露在空气中锻炼 1 ~ 2 d,以适应外界环境条件。

移栽基质最好用透气性强的蛭石、珍珠岩与泥炭。如果栽植在土壤中,土壤应为疏松的沙壤土,或为沙土掺入少量有机质或林地的腐殖质土。用营养钵育苗,可用直径 6 cm 的塑料营养钵。移栽时选择 2 ~ 4 cm、3 ~ 4 片叶的健壮试管苗,将根部培养基冲洗干净,以避免微生物污染而造成幼苗根系腐烂。如果是瓶外生根,将植株基部愈伤组织去掉,用水冲洗一下,直接插入基质中。移栽后浇透水,加塑料罩或塑料薄膜保湿。

一般炼苗的最初 7 d,应保持 90% 以上的空气相对湿度,适当遮阴。7 d 以后适当通风降低空气相对湿度,温度保持在 23 ~ 28 ℃。半月后去罩、掀膜,每隔 10 d 喷一次稀释 100 倍的 MS 大量元素母液。培养 4 ~ 6 周后,试管苗便可转入正常管理。

4)杂菌污染的识别及其预防

当污染现象发生时,最好先根据污染情况做出判断,分清楚是细菌污染还是真菌污染,以便采取相应措施进行处理。

(1)细菌污染及其预防 在培养过程中,培养基或外植体上出现粘液状或水迹状物,有时需要仔细辨认才能看清,这是细菌污染的特征。细菌污染主要是由于培养基灭菌不够彻底,或在接种操作时没有对外植体进行彻底灭菌所致。因此,所用的培养基一定要在培养室中预培养 2 ~ 3 d,然后再进行检验,确定无细菌感染的迹象后再使用。为了防止因接种造成细菌感染,应对初代培养、继代培养的材料进行系统检查,发现有被细菌污染的迹象时,应立即清除。

(2)真菌污染及其预防 在接种后,培养基或外植体表面出现白、黑、绿等色的块状真菌孢子,其蔓延速度较快,为真菌污染的特征。真菌污染易通过空气、培养容器、瓶口进行,因此要加强对空气的灭菌管理。在每次操作前,最好先用紫外线灯灭菌 20 ~ 30 min,再用 75% 的酒精对容器、材料表面进行喷雾灭菌。

5)外植体的褐变及玻璃化现象

(1)外植体褐变 是指在接种后,其表面开始变褐,有时甚至会使整个培养基变褐的现象。褐变现象的发生与植物品种、外植体的生理状态(较成熟)、培养基成分(无机盐浓度过高或细胞分裂素的水平过高)和不当的培养条件(光照过强、温度过高、培养时间过长等)有关。为了

防止褐变现象的发生,通常采取如下措施:

①选择合适(生长旺盛)的外植体。

②培养条件合适:如适宜的无机盐浓度与细胞分裂素水平,适宜的温度和光照,及时继代培养等。

③使用抗氧化剂。

④连续转移:对易褐变的材料培养 12～24 h 后,即转移到新培养基上,连续转移 7～10 d 后,褐变现象会得到控制。

(2)玻璃化　当植物材料不断进行离体繁殖时,有些培养物的嫩茎、叶片往往会呈半透明状、呈水迹状,这种现象称为玻璃化。解决这一问题常用的方法有:

①增加培养基中的溶质水平。

②减少培养基中含氮化合物的用量。

③增加光照。

④增加通风,最好施用 CO_2 气肥。

⑤降低培养温度,进行变温培养。

⑥降低培养基中细胞分裂素含量,可考虑加入适量脱落酸。

6.2　容器苗生产

容器苗管理

利用各种容器装入培养基质培育苗木,称为容器育苗,又叫营养钵育苗。用这种方法培育的苗木称为容器苗。

6.2.1　国内外容器苗的现状与趋势

容器苗生产是在 20 世纪 50 年代开始兴起。20 世纪 60 年代,塑料工业的发展,为容器育苗提供了更好的容器材料,加速了容器育苗的发展。20 世纪 70 年代,在世界各国,容器育苗得到了快速发展,并且大规模应用于生产中。我国容器育苗开始于 20 世纪 50 年代末期,近年来容器育苗已经被广泛应用于蔬菜、花卉、苗木、观赏植物等的栽培,成为集约化设施栽培的重要组成部分。

6.2.2　容器苗的特点

1)容器苗的优点

(1)在园林植物的繁殖上,既可以用容器播种育苗,又可以用容器进行扦插繁殖。

(2)由于容器育苗是在人为控制水分、养分、温度、光照、通风等条件下进行的,根系在容器内形成,发育良好,移植时可保证根系完整,起苗时不伤根,减少了因起苗、运输和假植等作业过程中对根系的损伤和水分的损失,提高了苗木移栽成活率。

（3）容器苗移植后没有缓苗期，生长快，有利于培育壮苗。

（4）容器育苗可以延长绿化植树的时间，不受植树季节的限制，便于合理安排劳动力，有计划地进行分期绿化。

（5）可以节省种子。

（6）培育时可以不占用肥力好的土地。

（7）容器育苗培育的苗木均匀、整齐，适合于机械化作业，可以提高劳动效率。

正因为容器育苗有很多优点，所以近年来国内外已将容器育苗技术与塑料大棚、温室等技术相结合，向自动控制育苗的环境条件方向发展，如自动控制气温、空气相对湿度、光照、土壤温度和湿度以及通风等。

2）容器育苗的缺点

容器育苗单位面积的产苗量低，育苗成本比裸根苗高。

6.2.3 容器苗的生产管理技术环节

1）容器的种类

选择育苗容器一般应考虑以下几点：有利于苗木生长，成本低廉，操作使用方便，保水性能好，浇水、搬运不易破碎等。

根据容器特点分为可回收的容器和不可回收的容器。

（1）可回收的容器 在土壤中不能被微生物分解，植树时要将苗木从容器中取出。如图6.1所示的各种规格的塑料容器，便是可回收的容器。常用的可回收容器有以下几种。

图6.1 各种规格的塑料容器

①塑料薄膜袋：是一种农用薄膜制作的容器。这种容器耐腐期长，使用范围也较广，规格可根据育苗的需要而定，多种培养基质均可装填，育苗可达1年，适于较多的树种育苗。薄膜袋不宜栽入种植穴，植树时应先将容器袋除去再行栽植，以免限制幼树根系生长和污染土壤。

②纸杯：纸杯内层塑料复合层不易腐烂，成本低。

③蜂窝塑料薄膜容器：是近年新研制和推广的蜂窝状容器，具有携带方便，装填基质省工，以及利于企业规模化、标准化生产等优点。起苗时，蜂窝状成群体结构的容器自动分离成单株带薄膜土团，是一种很有发展前景的容器，可广泛应用于树木育苗。

（2）不可回收的容器 在土壤中可以被土壤分散或被微生物分解，植树时不必将苗木从容器中取出，连同苗木一起栽入造林地。常用的不可回收的容器有以下几种：

①营养砖:是一种外表不带容器的砖块,一般由泥炭、木屑、腐熟树皮等制作而成,植树时带砖块栽植。这种容器在我国南方应用较广泛,适宜于生长快、根系发达的桉树等树种的育苗。桉树育苗期一般为100 d左右,水分要求严格,过干或过湿,均影响育苗效果。

②泥炭杯:用泥炭土做成的容器,肥力较高,适用于有泥炭土分布的我国北方的部分地区。

③草炭容器:草炭容器与其他种类容器的主要区别是制作原料比较特殊,该容器选用腐殖质类经多年腐熟的草纤维原料(草炭),添加草类浆料,经过特殊工艺处理按一定比例合成浆料,再经工厂化草炭容器系列合成、制作工艺而制成的一种容器。它是一种不可回收容器,造林时不用撕掉容器,可随苗木一起植入地下,是一种无公害容器。该种容器可适用于干旱、半干旱地区和石质山区育苗、造林,也适用于农业、蔬菜、花卉等领域育苗。与其他容器相比,这种容器具有通气性好、直立性强、质地较轻并含有一定量肥料、无公害、易分解等优点。

2) 容器的形状

有六角形、正方形、圆筒形和圆锥形等,另外还有单杯和连杯、有底和无底的区别,其中以无底六角形和四方形容器最为理想。为了避免根系在容器中盘旋成团和定植后根系伸展困难,主要采用以下两种方法:

(1)选择容器内壁上有2~6条凸起的棱状结构,当根系长至容器壁时,沿凸起棱向下生长而不会在容器内盘旋。

(2)采用空气修根　制作容器时,在容器壁上留出边缝,当苗木侧根根系长到边缝接触到空气时,根尖便停止生长,留下具有活力的根尖;同时又促进形成更多须根,但不会形成盘旋根;造林后根尖又继续生长,会发展成发达的根系。空气修根是目前最先进、最有效的防止根系盘旋的方法。

3) 容器的规格

育苗容器的规格与树种、育苗期限、苗木规格和育苗地条件有关。一般常规育苗容器高10~25 cm,直径5~15 cm。容器太小,不利于根系生长;容器太大,需培养土较多,会导致分量加重,减少苗木的运输量。针叶树育苗容器一般选用直径4~5 cm、高12~15 cm的容器,阔叶树育苗容器一般选用直径10 cm以上、高20 cm以上的容器。

4) 营养土的配制

理想的营养土经多次灌溉,不易出现板结现象,能迅速排除多余水分;持水、保水、保肥性能良好,通气性好;重量轻,便于搬运;具有种子发芽和幼苗生长所需要的各种营养物质,并能长期供应;其内不带杂草种子、虫卵、病原菌等有害物质,含盐量低,酸碱度适中。

常用的营养土材料有蛭石、泥炭、蔗渣、炉渣、黄心土(黄棕壤去掉表土)、河沙、珍珠岩、锯末、腐殖土、碳化稻壳、枯枝、落叶等,其中以腐殖土最好,泥炭土、稻壳、蛭石和珍珠岩粉也是很好的基质。营养土配制比例无统一模式和规定,可以在满足营养土必备条件的基础上将几种材料按一定的比例混合。不同树种、不同地区所采用的配方差异较大,配制营养土要因地制宜,就地取材。有些树种对营养土的pH值有一定的要求,如针叶树育苗pH值以5.5~7.0为宜,阔叶树以6.0~8.0为宜。对酸碱度的调节,采用施酸、碱性肥料的办法进行。如果pH值偏小,可随基肥一起加入$Ca(NO_3)_2$、$NaNO_3$等碱性肥料。在pH值为3.5~7.0的情况下,在1 kg干泥炭中加入30 g很细的石灰石,可把pH值改变一个单位。如果pH值偏大,可加入$(NH_4)_2SO_4$、NH_4Cl等酸性肥料。生长期间对培养基质酸碱度的调节,可通过测定容器底部的渗出液(通过容器基质的水)调整,每次收

集的渗出液应为最初渗出的液体,每次收集 5 mL,以测定 pH 值。我国北方地区常用 5 份苗圃表土加 3 份草炭土和 2 份腐熟堆肥组成,统称三合土配置。营养土使用前必须充分混匀、过筛,要求营养土湿度适宜,以手捏成团、放松可散为宜;堆沤一周,目的是使营养土中的有机肥充分腐熟,以防烧伤幼苗。表 6.4 是我国一些地区的营养土配方,仅供参考。

表 6.4　我国部分地区的营养土配方

营养土配方	树　种
草炭土 50%,蛭石 30%,珍珠 20%	油松、侧柏、落叶松、华山松
黑土 50%,草炭 25%,马粪 25%(80～90 ℃处理 2～3 h)	兴安落叶松
泥炭 50%,腐殖土 50%,适量过磷酸钙	长白落叶松、云杉、红松
草炭土 50%,腐殖质土 50%	红松
火烧土 65%,黄泥菌根土 32%,过磷酸钙 3%	湿地松
塘泥 50%,河沙 50%,磷肥适量 0.3%	杉木、水杉、湿地松、火炬松、马尾松、建柏
森林土 95.5%,过磷酸钙 3%,磷酸钾 1%,硫酸亚铁 0.5%	油松、侧柏、文冠果、白榆、臭椿、侧槐
黄土 65%,腐殖质土 33%,沙子 11%(1∶80 福尔马林溶液消毒)	油松
沙土 65%,马、羊粪(腐熟)35%,草炭土 50%,腐殖土 50%	油松、赤松、樟子松
腐殖土 50%,黄心土 30%,土杂肥 20%,过磷酸钙 2%	桉树

注:表中所列配方是以质量分数计。

5)填装营养土

在容器中填装营养土时,要边装边压实,以防灌水后下沉过多;但也不要装得过满,以灌水后土面低于容器边口 1 cm 为宜,留出浇灌营养液或水的余地。

6)摆放容器

容器育苗可在露地进行,也可在塑料大棚中进行。如果在露地摆放容器,要先平整育苗地,按宽 1 m,长度不限,深度根据容器的高度来做床,床底要平整,步道要踩实。如果根系容易穿透容器,要在容器的下面垫水泥板或砖块,塑料板也可以,主要为了防止植物的根系穿透容器长入土地中,从而影响根系的生长和形成不完整的根系。如果苗根不易穿透容器,为了保湿、保温,可将容器埋入地下 6～7 cm 深,在干旱地区可埋入更深。将装有营养土的容器一个挨一个地整齐排列成苗床,床宽 1 m,长度根据具体条件而定。容器与容器之间要靠紧,空隙不必填充。摆放好后,要求容器上口要平整一致,苗床四周要用土培至容器高的一半,防止容器翻倒,又能保证畦边容器的湿润。在塑料大棚内育苗,可将容器摆放在容器架上,容器下两层应相隔 1 m,保证光照条件。

7)营养土的消毒

容器置床后要对营养土进行消毒。生产中常用化学药剂进行营养土消毒,可以用多菌灵 800 倍液,或用 2%～3%的硫酸亚铁水溶液等喷洒,浇透营养土。如果有地下害虫,用 50%的锌硫磷颗粒剂制成药饵诱杀。

8)播种

播种前应精选种子,并进行催芽。种子应播种在容器中央,发芽率高的播种 1～2 粒,发芽率低的播种 2~3 粒。如在塑料大棚内育苗,因经常灌水,故覆土应比一般苗圃薄。根据种粒的大小,大粒种子覆土 1~1.5 cm,小粒种子覆土 0.3~0.5 cm。

在露地育苗时,容器暴露在空气中,为防止水分过度蒸发,可用稻草或遮阴网遮阴。苗出齐后,撤掉遮阴材料进行蹲苗。对于喜阴的树种,则需进入喜光期后再撤掉遮阴材料。

9)扦插

将插穗直接插入容器中,其扦插过程和要求与普通的扦插育苗方法相同。

10)移苗

移苗又称上杯,是先在苗床上密集播种,小苗长到 3~5 cm 时将之移入容器中培育。移苗适合小粒种子的容器育苗。

11)灌溉

容器苗灌溉主要采用喷灌形式。在出苗期,营养土应保持湿润;幼苗期水量应充足,促进幼苗生根;在速生期的后期,要控制灌水量。可有一定的干、湿交替过程,抑制高生长,促进苗木充分木质化,促进苗木多生侧根,促进苗木直径生长,使苗木粗壮,抗逆性增强。灌水不宜过急,否则水从容器表面溢出而不能湿透底部。水滴不宜过大,防止营养土流失或溅到叶面上,影响苗木生长。喷水时间在上午 9:00 前完成,下午 16:00 后开始,避免在中午气温最高时浇水。喷水次数根据需要自行确定。

12)遮阴与盖膜

移苗初期和扦插生根前,若无自动间隔喷雾设施,必须采取遮阴与盖膜相结合的措施,减少水分消耗,保持小环境的湿润,提高扦插成活率。

13)施肥

首先要根据不同树种在不同时期的需肥量,来确定施肥量和施肥次数,容器育苗以追肥为主,施肥可与浇水同时进行。可按比例将化肥和各种微量元素放入贮水罐中搅匀,然后喷施,但要防止出现肥料烧苗现象。如果施用尿素等颗粒肥料,在每次施肥后,应用水冲洗,以免烧苗。

14)间苗与补苗

阔叶树每个容器最后只留 1 株壮苗,针叶树每个容器最后可留 1~2 株壮苗,多余的幼苗分 1~2 次间去。对于死亡的幼苗要进行补苗。

15)病虫害防治

在高温、高湿条件下容易发生灰霉病,要加强通风,进行预防。其他病虫害可用常规方法进行防治。

实训1 组培快繁培养基的制备与消毒

1.目的要求

使学生掌握 MS 培养基的配制及制作技术。

2.用具材料

培养基药品、培养瓶、封口膜、量筒、托盘天平、不锈钢锅、电炉高压灭菌锅。

3.方法步骤

1)母液的配制

母液的配制主要涉及称量与定容。分别称取大量元素、微量元素、铁盐、有机物的各种药品,按要求分别溶解定容1 000 mL。

（1）母液Ⅰ的配制

①称量:一般将大量元素配制成10倍的母液,称量各种化合物的用量应扩大10倍。用天平称取下列药品, 分别放入烧杯:

NH_4NO_3	16.5 g
KNO_3	19.0 g
$MgSO_4 \cdot 7H_2O$	3.7 g
KH_2PO_4	1.7 g
$CaCl_2 \cdot 2H_2O$	4.4 g

②混合:用少量蒸馏水将药品分别溶解,然后依次混合。

③定容:加蒸馏水定容至1 000 mL,成10倍液。

（2）母液Ⅱ的配制

①称量:用天平称取下列药品, 分别放入烧杯:

Na_2-EDTA	3.73 g
$FeSO_4 \cdot 7H_2O$	2.78 g

②混合:用少量蒸馏水将药品分别溶解后混合。

③定容:加蒸馏水定容至1 000 mL,成100倍液。

（3）母液Ⅲ的配制

①称量:用天平称取下列药品, 分别放入烧杯:

H_3BO_3	0.62 g
$MnSO_4 \cdot 4H_2O$	2.23 g
$ZnSO_4 \cdot 7H_2O$	0.86 g
KI	0.083 g
$NaMoO_4 \cdot 2H_2O$	0.025 g
$CuSO_4 \cdot 5H_2O$	0.002 5 g
$CoCl_2 \cdot 6H_2O$	0.002 5g

②混合:用少量蒸馏水分别将药品溶解,然后依次混合。

③定容:加蒸馏水定容至1 000 mL,成100倍液。

（4）母液Ⅳ的配制

①称量:用天平称取下列药品, 分别放入烧杯:

肌醇	5.0 g
甘氨酸	0.1 g

烟酸	0.025 g
VB_6	0.025 g
VB_1	0.005 g

②混合:用少量蒸馏水分别将药品溶解,然后依次混合。

③定容:加蒸馏水定容至 500 mL,成 100 倍液。

(5)生长调节物质母液的配制

①称量:用天平称取生长素(或细胞分裂素)50~100 mg。

②溶解:生长素(如 IAA,IBA,NAA 以及 2,4-D)可用少量 95% 的酒精或 0.1 mol/L 的 NaOH 溶解;细胞分裂素(如 KT,ZT,6-BA)可用 0.1 mol/L 的 HCl 加热溶解。

③定容:加蒸馏水定容至 100 mL,配制成浓度为 0.5~1 mg/mL 的溶液。

2)母液的保存

(1)装瓶　将配制好的母液分别倒入瓶中,母液瓶上贴好标签,注明母液号、配制倍数(或浓度)与配制日期。

(2)储藏　将母液瓶储放在冰箱内备用。

3)培养基制备

(1)首先将所需的各贮存母液按顺序放好,将洁净的各种玻璃器皿,如量筒、烧杯、移液管、玻璃棒、漏斗等放在指定位置。

(2)提取母液　按母液配制顺序和规定量,用吸管提取母液,放入盛有一定量蒸馏水的量筒。

母液 I	100 mL
母液 II	10 mL
母液 III	10 mL
母液 IV	10 mL

注意用于量取各种母液的吸管不能混用。如配方中需要添加植物生长调节剂,计算好添加量后一起量取。

(3)加热熔解　先在锅内加 700~800 mL 蒸馏水,水温 30~50 ℃时加入琼脂 7 g,加热并不断搅拌,直至琼脂完全熔化,再加入蔗糖、母液混合液和生长调节剂原液。琼脂必须完全熔化,以免造成浓度不均匀。

(4)定容　各种物质完全溶解,充分混合均匀后,加蒸馏水将培养基定容至 1 000 mL。

(5)调整 pH 值　用酸度计或 pH 试纸测试,用 0.1 mol/L 的 NaOH 和 0.1 mol/L 的 HCl 把培养基的 pH 值调整到 5.6~5.8。

(6)培养基分注　把配置好的培养基分注到培养瓶中,每瓶装 20 mL 左右。分注后立即加盖,贴上标签,注明培养基的名称与配制时间等。

4)培养基灭菌

把注入培养基的培养器皿、包扎好的玻璃器皿和金属器械,以及装有蒸馏水的玻璃瓶,放入高压灭菌锅。当压力升至 0.5 kgf/cm² (即 49.0 kPa)时,用镊子打开排气阀排出锅内的冷空气,然后关闭排气阀。当压力达 1.1 kgf/cm² (即 108 kPa),锅内的温度为 121 ℃ 时,保持 15~20 min。最后切断电源(或热源),让灭菌器自然冷却。

4. 实训报告

（1）将 MS 培养基制备技术及操作过程写出书面报告。

（2）列举培养基制备室和分装时的注意事项。

实训2 组培无菌接种与培养

1. 目的要求

使学生了解、掌握组培无菌接种技术及各阶段培养技术。

2. 用具材料

草本花卉植物材料、超净工作台、培养基、酒精灯、接种镊子、接种剪刀等。

3. 方法步骤

（1）用水和肥皂洗净双手，穿上消毒过的专用实验服、帽子与鞋子，进入接种室。

（2）用沾有70%的酒精纱布擦拭双手和工作台。

（3）用沾有70%的酒精纱布擦拭装有培养基的培养器皿，并放进工作台。

（4）把解剖刀、剪刀、镊子等器械浸泡在95%的酒精瓶中，并放进工作台。

（5）操作前20 min 打开超净工作台和紫外灯，20 min 后，关闭紫外灯。

（6）把培养材料放进70%的酒精中浸 5～30 s；再在 0.1% 的升汞（氯化汞，$HgCl_2$）中浸泡 5～10 min，或在 10% 的漂白粉上清液中浸泡 10～15 min（浸泡时可进行搅动，使植物材料与灭菌剂有良好的接触）；然后用无菌水冲洗 3～5 次。

（7）开瓶前用火焰烧瓶口，转动瓶口使各部分都烧到，打开瓶口后再在火焰上消毒。

（8）取下接种器械，在火焰上充分燃烧消毒。

（9）把培养材料迅速植入培养瓶，盖好瓶口（每人接种 5～10 瓶）。操作期间应经常用70%的酒精擦拭工作台和双手；接种器械应反复在95%的酒精中浸泡和在火焰上消毒。

（10）接种结束后，清理和关闭超净工作台。

（11）接种一周后，观察接种材料的污染情况，并分析污染原因。

4. 实训报告

（1）写出无菌操作外植体接种及丛生芽的切割与转接技术书面报告。

（2）观察、调查外植体及丛生芽切割转接无菌操作成活率。

本章小结

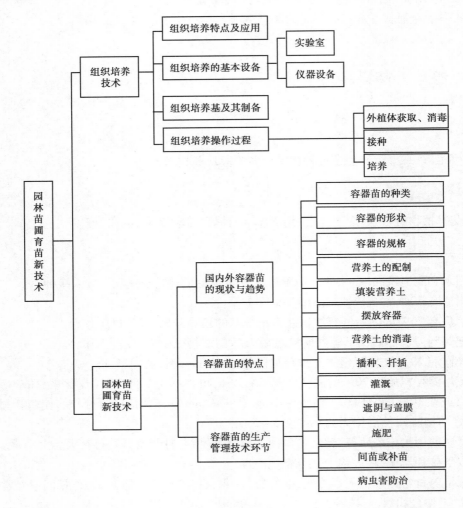

复习思考题

一、名词解释

1. 植物组织培养　2. 容器育苗　3. 营养砖　4. 玻璃化现象　5. 褐变

二、填空题

1. 植物组织培养的类型有_____、_____和_____、_____等。

2. 培养基最常用的碳源是_____,使用浓度在 1% ~5% ,常用_____%。

3. 培养基的种类按其态相不同分为_____与_____。

4. pH 的大小会影响琼脂的凝固能力,一般当 pH 大于 6.0 时,培养基将会_____,
低于 5.0 时,琼脂_____。

5. 一般情况下,生长素/细胞分裂素的比值高,有利于_____的形成;比值低,有利于_____的形成。

6. 选择外植体时应选择_____、_____、_____和_____。

7. 培养基的主要成分包括_____、_____、_____、_____。

8. 在固体培养时琼脂是使用最方便、最好的凝固剂和支持物,一般用量为_____之间。

9. 标准的组织培养实验室包括_____、_____、_____、_____、_____。

10. 糖在植物组织培养中是不可缺少的,它不但作为离体组织赖以生长的_____,而且还能维持_____。

11. 培养基灭菌一般在_____的压力下,锅内温度达_____℃,维持_____min。

12. 目前培育无病毒苗最广泛和最重要的一个途径是_____。

13. 容器育苗的容器根据容器特点分为_____和_____。

14. 常用的不可回收的容器有_____、_____、_____。

15. 我国容器育苗开始于_____。

三、选择题

1. 下列现象中不属于离体培养容易出现的三大问题的是( )。
A. 污染　　　　　　B. 褐变　　　　　　C. 黄化　　　　　　D. 玻璃化

2. 配制( )溶液时应先用10%的HCl溶解,再加蒸馏水定容。
A. 2,4-D　　　　　　B. BA　　　　　　C. GA3　　　　　　D. IAA

3. 炼苗的环境开始时和( )相似,后期类似于田间栽培条件。
A. 培养室条件　　　B. 无菌界室条件　　C. 缓冲间条件　　　D. 准备室条件

4. 离体培养常用的诱导生根的生长调节物质主要是( )。
A. 生长素　　　　　　B. 细胞分裂素　　　C. 脱落酸　　　　　　D. 乙烯

5. 植物组织培养实验室需要定期用( )进行熏蒸。
A. 高锰酸钾和甲醛　　　　　　　　　　B. 酒精和洗液
C. 高锰酸钾和酒精　　　　　　　　　　D. 高锰酸钾和洗液

6. 在植物组织培养表面灭菌时,常用的酒精浓度为( )。
A. 70%～75%　　　B. 80%～85%　　　C. 90%～95%　　　D. 100%

7. 在植物组织培养表面灭菌时,常用的氯化汞浓度为( )。
A. 0.1%～1%　　　B. 0.2%～2%　　　C. 0.3%～3%　　　D. 0.4%～4%

8. 植物组织培养中大多数植物都适用的培养基是( )培养基。
A. MS　　　　　　　B. N6　　　　　　C. White　　　　　　D. B5

9. 配制微量元素母液时,浓缩了200倍保存在1 L容量瓶内,当制作4 L培养基时,应取用铁盐母液( )mL。
A. 50　　　　　　　B. 40　　　　　　C. 30　　　　　　D. 20

10. ( )是植物离体培养常用的主要糖类。

A. 葡萄糖　　　　　B. 果糖　　　　　C. 麦芽糖　　　　D. 蔗糖

11. 下列育苗容器不属于不可回收的容器的是(　　　)。

A. 营养砖　　　　　B. 育苗杯　　　　　C. 纸杯　　　　　D. 草炭容器

12. 下列不是容器育苗特点的是(　　　)。

A. 苗木移栽成活率高

B. 培育的苗木均匀整齐,适合于机械化作业

C. 容器育苗可以延长绿化植树的时间,不受植树季节的限制

D. 单位面积产苗量高

四、判断题

1. (　　　)茎尖培养一般采用半固体培养基,也可使用液体培养基。

2. (　　　)超净工作台使用前必须开启紫外灯 20 min 进行灭菌。

3. (　　　)植物组织培养属于无性繁殖范畴。

4. (　　　)植物组织培养中活性炭加入培养基的目的主要是利用其吸附能力。

5. (　　　)从大田得到的材料比在室内用种子发芽得到的材料更易消毒彻底。

6. (　　　)连续培养是植物脱毒的常用方法。

7. (　　　)配制 BA 溶液时应先用 0.1 mol 的 NaOH 溶解,再加蒸馏水定容。

8. (　　　)植物继代培养总的趋势随着培养时间的延长,器官分化能力逐渐下降。

9. (　　　)植物离体培养中细菌污染的特点是污染部分长有不同颜色的霉菌。

10. (　　　)工厂化育苗的特点是繁殖快,整齐、一致,无病虫害,周期短,周年生产,性状稳定。

11. (　　　)容器苗的优点是移栽不受季节限制,成活率高,种植后能保证正常生长。

12. (　　　)容器育苗只能用于播种。

13. (　　　)穴盘育苗和容器育苗本质上的区别在于育苗器具不同。

五、问答题

1. 试述无菌操作接种的全过程。

2. 容器育苗的特点有哪些?

7 园林植物大苗培育技术

【知识要点】

本章重点介绍苗木移植的方法、整形修剪的操作技术及多种园林绿化大苗的培育技术。

【学习目标】

1. 了解苗木移植的特点,掌握大苗移植的技术要点;
2. 掌握苗木整形修剪的意义和方法;
3. 熟练进行苗木移植及养护;
4. 熟练进行各类大苗的整形修剪及培育技术操作。

大苗培育过程,是园林植物经繁殖形成小苗后到绿化种植前采取的一系列技术措施使苗木长成合格大苗的过程。在大苗培育过程中,最主要的工作是苗木的移植,土、肥、水管理和整形、修剪等工作。

7.1 苗木移植

用播种或营养繁殖方法培育的小苗,苗木密度大,影响苗木的生长,要培育大苗必须进行苗木移植。苗木移植是指将苗木从原来的育苗地挖起来,按照一定的株行距移栽到新的育苗地继续培育的方法。经过移植的苗木叫移植苗。根据园林绿化对各种规格苗木的要求和培育方式的需要,可移栽一次或多次。在移植时,要淘汰劣质小苗。

7.1.1 移植的作用

1)利于苗木生长

幼苗经过移植,增大了株行距,从而增大了苗木的营养面积,改善了光照和通风条件,减少了病虫害的滋生,使苗木根系和地上部分有了较大的发展空间,满足了苗木生长的需要,有利于培育大规格的优质苗木。

2) 利于培育苗木发达的根系

幼苗移植时,主根和部分侧根被切断,控制了主根的顶端优势,能刺激根部产生大量的侧根和须根,形成完整、发达的根系。根系分布于土壤浅层且紧密集中,便于起苗,更有利于苗木生长,提高出圃苗木定植的成活率。而未经移植的苗木,根系分布较深,侧根、须根数量少,定植时不易成活,或成活后生长较弱。

3) 利于培育整齐、优美的冠形

苗木移植时,要对根系和树冠进行必要的合理修剪;再根据苗木各自的生长情况,进行分级栽植。移植后扩大了树苗的生长空间,使苗木的枝条充分伸展,形成树种固有的树形。经过适当的整形修剪,可以培育出规格整齐、冠形优美、干形通直、具有理想树冠的高质量园林苗木。另外,有的树种经过嫁接可培育出特殊的冠形,如垂榆、龙爪槐等。

园林绿化用大苗。在各个龄期,根据苗体大小、树种生长特点及群体特点合理安排密度,才能最大限度地利用土地,在有限的土地上尽可能多地培育出大规格、优质的绿化苗木,使土地效益最大化。

7.1.2　移植的技术

大苗培育1

1) 移植苗的苗龄

移植苗的苗龄,视树种和苗木生长情况确定。同一种苗木由于培育环境的差异,幼苗的年生长量不同。速生的阔叶树,播种后第二年即应移植,如刺槐、国槐、元宝枫、香椿、糖槭、丁香、连翘等。对于播种苗生长缓慢的树种,可以两年后移栽。白皮松、油松、樟子松、红皮云杉等苗期生长较慢,第二年可移栽;也可再留床一年,第三年再移栽。

2) 影响移植苗成活的因素

影响移植苗成活的主要因素有5方面:

(1)不同树种的遗传特性　有些苗木侧根和须根很少,影响移植的成活。

(2)环境因素　要求起苗时尽可能减少苗木根系损伤,尽量缩短从起苗到栽植的时间,减少苗木失水,做到随起苗、随分级、随运输、随栽植。如果不能及时栽植,一定要先对苗木进行假植。

(3)移植时间　掌握好移植时间,休眠期最适宜。

(4)做好栽后护理　在移植后适时、适量地灌水,必要时进行适当的遮阴。

(5)修剪　对阔叶树地上部分的枝叶进行适度的修剪,减少部分枝叶量,使苗木体内的水分和营养物质供给与消耗平衡,保证苗木移植成活。生长期移植更应重视修剪。

3) 移植次数和密度

培育大规格苗木,移植次数取决于树种的生长速度和园林绿化对苗木规格的要求。园林绿化的阔叶树种,一般苗龄满1年后进行移植;再培育2～3年后,苗龄达3～4年,即可出圃。若对苗木规格要求更高,则要进行 2~3 次移植,移植间隔通常为 2~3 年。对于生长缓慢的树种,苗龄满两年后进行移植,以后每隔 3~5 年移植 1 次,苗龄达 8~10 年,甚至更长时间方可出圃。

在保证苗木有足够营养面积,能培育出良好干形和冠形的前提下,尽量合理密植,充分利用土地,提高产苗量,减少抚育成本。因此,移植密度应重点考虑培育目的和培育年限。

苗木培育目的不同,移植密度也不同。如落叶乔木,若以养干为目的,应密植;以养冠为主要目的,则要求适当稀植,加大株行距,促使侧枝生长,形成庞大而圆满的冠形。对常绿树,株行距以不郁闭为度,否则枝条为争得阳光而相互干扰挤压,容易偏冠。

培育年限不同,确定密度也不同。生长快的树种,移植第 1 年稍稀,第 2 年密度适宜,第 3 年经修枝后,仍能维持 1 年,第 4 年出圃。生长慢的树种,第 1 年稍稀,第 2 年合适,第 3~4 年郁闭,第 5~6 年移植,再培育 2~3 年出圃。苗木移植的密度通常可根据移植 3~4 年后苗木冠幅的生长量确定,阔叶树可考虑 3 年的生长量,针叶树可考虑 4 年的生长量。即根据苗木的生长速度,预测 3 年或 4 年后苗木的冠幅,以行距加 20 cm、株距加 10 cm 确定移植的株行距。

4) 苗木移植的时间

(1)春季移植 春季是主要的移植季节,一般在土壤解冻后到树液流动之前进行移植。苗木根系萌动生长要求的温度比地上部分低,萌动开始时间比地上部分早。在北方,早春土壤解冻时含水量较大,这时移植苗的根系伤口在土壤中很快愈合,长出新根。待天气变暖,地上部分开始萌动时,根系可以提供水分,使苗木成活。移植后及时灌溉,使苗木吸收充足的水分,保证苗木有更高的成活率。

(2)夏季移植(雨季移植) 在夏季多雨季节进行移植,北方移植针叶常绿树,南方移植常绿树类。这个季节雨水多,湿度大,苗木蒸腾量较小,根系生长较快,移植较易成活。

(3)秋季移植 一般应在冬季气温不太低,无冻害和春旱现象发生的地区。若冬季土壤冻结严重,则不适合秋移。秋移应在苗木地上部分生长缓慢或停止生长后进行,即落叶树开始落叶,常绿树生长高峰过后进行。此时地温尚高,根系还未停止生长,移植后立即灌水,根系可以恢复生长,苗木成活率高。

(4)冬季移植 南方地区冬季比较温暖,土壤不结冰或结冻时间短,可冬季移植。冬季苗木处于休眠状态,比春季移植更为有利。所以,凡是能够将春季移植提前到冬季进行的地区和树种,应该尽可能提前移植。

5) 移植方法

苗木起苗后栽植前要进行苗木分级,把不同规格的苗木分别移栽,使同一作业区苗木规格整齐。阔叶树小苗和针叶树苗木移栽时一般不修剪枝干,阔叶树大苗移栽时可做适当修剪。有的一年生阔叶树苗为培养通直的树干,移栽时从基部将干剪掉并栽根;由于根系大,贮存养分多,年生长量大,可形成通直的主干。如果培育多分枝的灌木,也可在移栽后将地上部分全部剪掉,重新萌发新枝,枝条数量与不修剪相比明显增多。修剪根系主要剪掉过长的和劈裂的根,剪根后立即蘸上泥浆或临时假植。栽植前还可用根宝、生根粉、保水剂等化学药剂处理根系,使移植后的苗木能更快成活生长。移植苗的栽植方法有穴植法、沟植法和缝植法。

(1)穴植法 就是根据规定的株行距挖坑栽植。在土壤条件允许的情况下,采用挖坑机挖穴可以大大提高工作效率。栽植穴的直径和深度应大于苗木的根系。栽植深度要求下不窝根,上不露原土印为宜,一般可略深 2~5 cm。为了防止栽植窝根,裸根苗移栽时先覆一部分土后轻轻提一下,使其根系伸展,再覆土踩实,浇足水。栽植后,较大苗木要设立三根支架固定,以防苗木被风吹倒。

(2)沟植法　沟植法有两种方式:一种是栽在垄上,适用于小苗,垄间的沟作灌溉和排水用,垄上的土壤温度较高,有利于苗木生长;另一种是栽植在垄沟里,特点是灌溉方便,但不易排水,这种方式适合于干旱地区使用。栽植时要使苗木根系舒展,严防根系卷曲和窝根。栽植深度一般比原土印深 2~3 cm。栽植后要及时灌透水,过 2~3 d 后,再灌一次。

(3)缝植(或孔植)法　适用于小苗和主根发达而侧根不发达的苗木。移植时用铁锹或移植锥按株行距开缝或锥孔,将苗木放入缝(或孔)的适当位置,尽量使苗根舒展,压实土壤,勿使苗根悬空。

不管采用哪种方法栽植,都要边栽边取苗,不能有窝根现象,栽植深度比原土印略深,保证灌水后土壤下沉而露不出根系。栽植覆土后要踩实,使根土密接。栽植苗木时,要注意行内苗木对齐,前后左右对齐。从起苗到栽植,要注意苗根湿润,栽不完的苗木应选择背阴处假植。

6)移植后的管理

(1)浇水　苗木移植后要马上浇水,第一次浇水必须浇透,使坑内或沟内的水不再下渗为止。第一次浇水后,隔 10 d 左右再浇一次水,以保证苗木成活。浇水时间选择早上或傍晚为好。

(2)中耕除草　除草要一次锄净、除根,除草后进行中耕。

(3)施肥　在施足底肥的基础上,在苗木生长过程中,初期应施少量氮肥;苗木生长旺期要施大量肥料;苗木生长后期,应以磷肥、钾肥为主。施肥的方法可采用土壤施肥和叶面喷肥。

(4)病虫害防治　移栽后要加强田间管理,改善田间通风、透光条件,消除杂草。一旦发生病虫害,要及时诊断,合理用药或采用其他方法治理,使病虫害得以控制、消灭,不会扩大危害。

(5)排水　培育大苗的地块,一般较平整,在雨季容易受到水涝危害。排水在南方降雨量大的地方格外重要,北方高原地带降雨量较少,但也应有排水设施。

(6)缺苗补植　苗木移植后,会有少量苗木不成活,要将死苗挖走,补植苗木。

(7)苗木防寒越冬　乡土树种都可在露地安全越冬。对冬季易受冻害的树种要进行防寒,常见的措施是浇防冻水。在土壤结冻前浇一次越冬水,既能保持冬春土壤水分,又能防止地温下降太快。对一些较小的苗木,可以用土、草帘或塑料小拱棚覆盖。较大的易冻死的苗木,缠草绳以防冻伤。对冬季风大的地方,也可设风障防寒。

7.2　苗木的整形与修剪

大苗培育 2

"整形"一般针对幼树,用剪、锯、捆绑、扎等手段使幼树长成栽植者所希望的特定形状,提高其观赏价值。"修剪"一般针对大树(大苗),对树木的某些器官(枝、叶、花、果等)加以疏删或剪截,以达到调节生长、开花结果的目的。整形是通过修剪来完成的,修剪又是在整形的基础上根据某种目的而实行的。修剪是手段,整形是目的,两者紧密相关,统一于一定的栽培管理要求下。在大苗培育过程中对苗木进行修剪,使苗木按照人们设计好的树形生长,培育出符合要求的主干。结构合理的主、侧枝,形状美观的树体,有利于开花结果,尽快达到园林绿化的要求。

7.2.1　修剪的时间

整形、修剪的时间是根据植物生长特性、物候期及抗寒性决定的,分为休眠期修剪和生长期修剪。

1)休眠期修剪(冬季修剪)

落叶树从落叶开始至春季萌芽前进行修剪,称为休眠期修剪或冬季修剪。这段时期内植物的各种代谢水平很低,树体内养分大部分回归根部贮藏,修剪后养分损失最少。修剪量大的工作多在冬季休眠期进行。冬季修剪的具体时间应根据当地的寒冷程度和植物的耐寒性来确定。如冬季严寒的地方,修剪伤口易受冻害,应在早春修剪;对一些需要保护越冬的花灌木,在秋季落叶后立即重剪,然后埋土。在温暖的南方地区,冬季修剪时期,自落叶后到翌春萌芽前都可进行。有伤流现象的树种,一定要在春季伤流前期修剪。冬季修剪对园林树种树冠的构成、枝梢的生长、花果枝的形成等有重要影响。

2)生长期修剪(夏季修剪)

从春季萌芽后至当年停止生长前进行的修剪,称为生长期修剪。此期植物的各种代谢水平较高,光合产物多分布于生长旺盛的嫩枝、叶、花和幼果处,修剪会损失大量的养分;如果修剪程度过大,会影响树木生长发育。所以,这一时期的修剪程度不宜过大,一般采用抹芽、除蘖、摘心、疏枝等修剪方法。

对于发枝力强的树,如在冬剪基础上培养直立主干,就必须对主干顶端剪口附近的大量新梢进行短截,目的是控制它们生长,调整并辅助主干长势和方向。花果树、行道树的修剪,主要控制竞争枝、内膛枝、直立枝、徒长枝的发生和长势,以集中营养供给骨干枝的旺盛生长之需。

常绿植物没有明显的休眠期,可四季修剪。但在冬季寒冷地区,修剪的伤口不易愈合,易受冻害,因此一般应在夏季进行。

7.2.2　整形、修剪的方法

整形、修剪的程序应由上至下,由外及里,由粗剪到细剪,避免剪偏、剪秃、剪乱。修剪前,要从多个角度仔细观察树体结构,考虑好要保留的各个层次的骨干枝,再疏除如平行枝、重叠枝、直立枝、竞争枝等,使树冠结构符合培育要求。对于直径在 2 cm 以上的枝条剪除后形成的伤口,要涂抹防腐剂或油漆,防止伤口感染病菌,同时对病虫枝进行焚烧处理。在园林苗木培育中常采用抹芽、除蘖、摘心、剪梢、短截、疏枝、变向、平茬、截冠、断根等方法。

1)抹芽

在苗木移植定干后或嫁接苗干上萌发很多萌芽,为了培育通直的主干,需抹掉主干上多余的萌芽,促使所留枝条苗壮发育,便于培育成良好的主干、主枝,形成理想的树形。如培育杨、柳树大苗,需抹除主干上多余的萌芽。

落叶灌木定干后,会在定干位置长出很多萌芽,抹芽时要注意选留主枝芽的数量和相距的角度,以及空间位置,然后将多余芽全部抹去。

　　抹芽宜在早春及时进行,一定要在芽的状态及时抹去,在树干上不留伤口。

2)除蘖

　　除蘖即将树干基部附近产生的萌枝或砧木上的萌蘖除去。除蘖是嫁接苗抚育管理的重要措施之一,它可使养分集中供应所留枝干或接穗。嫁接苗管理中,除蘖可避免砧蘖与接穗竞争养分,争夺空间。如培育嫁接垂榆、龙爪槐等,必须及时进行除蘖,促进接穗快速生长。除蘖宜在早春及时进行,一定要在萌蘖芽的状态及时抹去,在树干上不留伤口。

3)摘心

　　摘心就是将枝梢的顶芽摘除。在苗木的生长过程中,由于枝条生长不平衡而影响树冠形状时,可对强枝进行摘心,控制生长,以调整树冠各主枝的长势,使之达到树冠匀称、丰满的要求。为了多发侧枝,扩大树冠,宜在新梢旺长时摘心。

4)剪梢

　　剪梢是将当年生新梢的一部分剪除。如在培育榆树球、水蜡球、大叶黄杨球、小叶黄杨球等各类造型大苗时,每年在生长季里要对苗木进行4~5次剪梢,促进多发侧枝,形成丰满的树球。

5)短截

　　短截是指剪掉枝条的一部分,短截后可刺激剪口以下芽的萌发。短截分为轻短截、中短截、重短截、极重短截和回缩。

　　(1)轻短截　剪去枝条全长的1/5~1/4,以刺激剪口下多数半饱满芽萌发,分散枝条的养分,促进产生大量的短枝。这些短枝一般生长势中庸,停止生长早,积累养分充足,利于花芽形成。多用于花果类植物强壮枝的修剪。

　　(2)中短截　在饱满芽处下剪,剪去枝条全长的1/3~1/2。顶端优势转移到剪口芽上,使其发育旺盛,长势强。常用于弱枝复壮和培养延长枝或骨干枝。

　　(3)重短截　在饱满芽处下剪,剪去枝条1/2~4/5的位置,促发旺盛的营养枝。多用于弱树、弱枝的复壮更新。

　　(4)极重短截　在春梢基部仅留一二个不饱满的芽,其余剪去,萌发出一二个弱枝。多用于竞争枝处理或降低枝位。

　　以上短截的方法在生产实践中可综合应用。如碧桃、榆叶梅、紫叶李、紫叶桃等,主枝的枝头用中短截,侧枝用轻短截,开心形苗木内膛用重短截或极重短截。而垂枝类苗木如龙爪槐、垂枝碧桃、垂枝榆等枝条下垂,常用重短截,留背上芽作剪口芽,可扩大树冠。

　　(5)回缩　即将多年生枝的一部分剪掉。有些多年生枝条下部光秃,采用回缩修剪技术刺激秃裸部位发出枝条,改造整体树形。此法常用于花灌木的整形。

6)疏枝

　　将枝条或枝组从基部剪去叫疏枝,用于疏除枯枝、病虫枝、过密枝、徒长枝、竞争枝、下垂枝、交叉枝、重叠枝等。疏枝可以使保留的枝条获得更多的养分、水分和空间,改善通风、透光条件,提高叶片光合效能,使树木生长健壮,减少病虫害发生。对于球形树的修剪,常因短截修剪造成枝条密生,致使树冠内枯死枝、过密枝、光腿枝过多,因此必须与疏枝交替使用。针叶树为了提高枝下高,可把贴近地面的老枝和弱枝疏除,提高观赏价值。

7）变向

改变枝条生长方向,控制枝条生长势的方法称为变向。如针叶树种云杉、青扦、油松等,如果树冠出现枝条被损坏或缺少,可采用将两侧枝拉向缺枝部位的方法来弥补原来树冠的缺陷。变向常用于植物造型。

8）平茬

平茬又称截干,从近地面处将1~2年生的茎干剪除,利用原有发达的根系刺激根颈附近萌芽更新。此法多用于乔木养干,如国槐、栾树、杜仲、桦树、柳树、杨树、糖槭等。截干后加强肥、水管理,及时去蘖、抹芽,使苗干通直,生长苗壮,养成很好的树形。如培养多分枝的灌木,平茬后能萌发出更多的新枝。

9）截冠

截冠指从苗木主干一定高度处将树冠全部剪除。一般在苗木出圃或移植苗木时采用,多用于萌发力强的落叶乔木,如国槐、柳树、银中杨、糖槭、元宝枫、栾树和千头椿等。截冠后分枝点一致,进行种植可形成统一的绿地景观。如培育行道树、庭荫树、高接用的砧木等,可采用截冠的方法,获得干高一致的苗木。

10）断根

断根是将植株的根系在一定范围内全部切断或部分切断的措施。本法有抑制树冠生长过旺的特效。断根后可刺激根部发生新须根,所以有利于移植成活。因此,在珍贵苗木出圃前或进行大树移植前,均常应用断根措施。如培育樟子松大苗的过程中,可采用隔年断根一二次的方法增加须根的数量,提高樟子松大苗移植的成活率。

7.3　各类园林大苗培育

园林绿化中应用的各类大苗有行道树、庭荫树、花灌木、绿篱大苗、球形大苗和藤本类大苗等。大苗的种类不同,树形不同,培育方法也不相同。所以,大苗的培育,除了移植和一般的田间管理外,还要结合树种的特性,通过细致合理的整形、修剪,培养良好的干形和冠形,培育出符合园林绿化要求的各类大规格苗木。

7.3.1　行道树、庭荫树大苗的培育技术

行道树和庭荫树大苗主干应通直圆满,具有一定的枝下高度。行道树干高2.5~3.5 m,庭荫树干高1.8~2 m;要具有完整、紧凑、匀称的树冠以及发达的根系。培育行道树、庭荫树大苗的关键在于培育一定高度的树干。下面介绍几种阔叶树培育大苗主干的方法:

1）截干法

截干法适用于萌芽力强、干性弱的树种。如槐树、栾树、合欢、榆树等,干性不强,生长势弱,腋芽萌发力较强,1年生播种苗达不到定干要求,第2年又萌生大量侧枝,自然形成的主干不

直,通常通过截干来培养通直的主干。

以榆树大苗的培育为例,榆树第一年播种苗高60~80 cm,2~3年后移植。移植时,树干上分枝很多,主干不直。移植后当年不修剪,促进根系生长;移植后一两年,再将移植苗平茬,刺激根部潜伏芽萌发。只保留一个直立、强壮的枝加以培养,加强水、肥管理,及时抹芽修枝,促进主干生长,使苗木的枝下高逐渐达到要求,并培养丰满、均匀的树冠。对于庭荫树当主干长到一定高度定干后,要选择方向适中、位置合适的3~5个主枝培养为骨干枝,第2年对这些骨干枝进行短截,促使萌发新枝条,以便形成丰满、均匀、宽大的树冠。

2)渐次修剪法

此法适用于萌芽力强、生长快、干性强的能自然长成通直主干的树种,主要是通过修枝或抹芽逐年提高枝下高。当侧梢太强,与主梢发生竞争时,可以采用摘心、剪截等办法抑制侧梢的生长,促进主干的形成,如柳树、杨树等。银中杨扦插苗一年苗高1.6~2.0 m,第一年不留侧枝,所以要及时抹芽形成通直的主干;第二年还要及时抹掉树干1/2以下的芽,及时除蘖,保持通直的主干;在第三年春季苗木萌芽前,剪去靠下的分枝,保持主干高度,但一次不可剪掉太多枝条,以免影响生长。

3)剪梢接干法

此法适宜生长速度较慢的树种。在苗木萌芽前,在苗干有饱满芽处,剪去细弱梢部,抹去剪口芽之下的3~5个侧芽,促使剪口芽萌发向上生长,形成新的主梢,长成顺直的主干。第3年,若仍有类似情况,则再次剪梢。干高达到要求后,再剪去顶梢,促发侧枝,使主干加粗。修剪时注意,剪口芽要饱满,芽尖向上,剪口以下树干顺直;第一次接干未完成干高培养,下一次剪梢时,要选与上一次剪口芽反向的饱满芽留作剪口芽,以矫正主干。

4)密植法

移植时,适当密植,可促进苗木向上生长,抑制侧枝生长,可培养出通直主干。

5)高桩插干法(也称长干插、长枝插)

此法适合于易生根的树种,如柳树。可结合树木修剪,截取1~2 m甚至更长的一至多年生枝干作插穗,进行扦插,使其生根发芽,在短时间内培育成符合主干高度要求的大苗。

7.3.2　针叶树大苗培育技术

对轮生枝明显的常绿乔木,如云杉、油松、华山松、白皮松、樟子松等,有明显的中心主梢,顶端优势明显,易培养成主干。由于生长速度慢,培育成大苗需要的时间长,所以要保护好主梢的顶芽,及时疏除病虫枝。对于轮生枝不明显的常绿乔木,如桧柏、龙柏、侧柏、雪松等,生长速度较快,但主梢顶端优势不明显,要及时剪除竞争枝或摘去竞争枝的生长点,培养单干大苗。

针叶树大苗培育,其播种苗一般留床培育2~3年,第三、第四年时开始移植,株行距为50 cm×50 cm。再长几年后,如果发现株行距显小时,再次移植。移植时,最好隔株移植,减少移植量。移植后的株行距要大,留有足够3年以上的生长空间,尽量减少移植次数。

7.3.3　花灌木类大苗的培育技术

花灌木类大苗的培育形式主要有两种,一种是单干式,另一种是多干式。对于观花小乔木类,多采用中干或低干式,如单干紫薇、丁香、木槿、连翘、金银木等,可大大提高其观赏价值和经济价值。在苗木移植后,选择最粗最直的一枝条作为主干培养,其余枝条剪掉,集中养分供给单干苗的生长发育。中干式在 1.5~2 m 干高处定干,低干式在 0.5~1 m 干高处定干。定干后再按开心形或自然开心形修整树冠,培养成具有 5~10 个侧枝的圆头形树冠。多干式适用于丛生性强的花灌木,如丁香、太平花、连翘、紫荆、紫薇、珍珠梅、玫瑰、贴梗海棠、锦带花、金银木、杜鹃花等。移植后,在枝条基部留 3~5 个芽截干,使从近地表基部萌发出多数枝条。对分枝力弱的灌木,每次移植后都要重剪,以促进萌发新枝,一般 3~4 年即可培育成大苗。

7.3.4　绿篱类大苗的培育技术

绿篱大苗的规格要求是:枝叶丰满,特别是下部枝条不能光秃。对播种或扦插成活的苗木,当苗高达 20~30 cm 时,剪去主干顶梢,促进侧枝萌发并快速生长。当侧枝长到 20~30 cm 时,再剪梢,促使次级侧枝抽出。每年要剪梢 2~3 次,经 1~2 年培养,苗木上下侧枝密集,以便出圃定植后能进行任何形式的修剪。适合做绿篱的树种有大叶黄杨、九里香、冬青、火棘、女贞、砂地柏、铺地柏、千头柏、圆柏、侧柏、栀子花、瓜子黄杨、榆树、水蜡等。

7.3.5　球形类大苗的培育技术

培育球形大苗应选择枝叶稠密、节间短的树种。当播种苗高达 30 cm 左右时,就应剪掉主梢,促进侧枝生长。当侧枝长到 20~25 cm 时,再修剪主、侧枝梢,促进次级侧枝形成。以后按此法继续修剪,使球体不断增大,使其成圆球形。成形后,在每年生长期进行 3~4 次修剪,促使球面密生枝叶,如大叶黄杨球、榆树球、水蜡球、紫叶小檗球等。

7.3.6　藤本类大苗的培育技术

藤本类树种主要有凌霄、紫藤、金银花、地锦类、猕猴桃、扶芳藤、铁线莲、蔷薇类、常春藤、爬藤卫矛、南蛇藤、葡萄等,可参照葡萄园的栽培方式,按一定行距和间距埋设水泥立柱,柱间拉铁丝,也可平床培育大苗。藤本类优质大苗的标准,要求地径粗 1.5 cm 以上,主蔓长 100 cm 以上,根系强大,须根较多。此类苗木常采用播种、扦插、分株或嫁接法繁殖种苗,翌年春进行移植。苗木移植后,于春季在近地面处截干,促进萌生侧枝,选留 2~3 条生长健壮的枝条培养做主蔓。对枝上过早出现的花芽要及早抹去,节省养分,促进主蔓生长。在苗圃培育主要是培养根系和主蔓,2~3年即可培养成大苗。

另处,也可利用建筑物四周或围墙栽植小苗来培养大苗,既节省架材,又不占好地。

7.3.7　伞形类大苗的培育技术

园林绿化中常种植伞形类大苗,如龙爪槐、垂枝红碧桃、垂枝杏、垂枝榆、垂枝樱桃等。此类苗木的培育方法是,先培育砧木,然后嫁接成为伞形树冠。

伞形类树种都是原树种的变种,如龙爪槐是槐树的变种,垂枝榆是榆树的变种。要培育这些苗木,首先要培育原树种的播种苗作砧木。砧木 3 cm 以上的接口粗度操作方便,嫁接成活率高,成活后接穗长势强。嫁接高度有 80 cm、100 cm、220 cm、250 cm、280 cm 等。嫁接时在定干高度处截断主干,可用插皮接、劈接,其中插皮接操作方便、快捷,成活率高。如要培养多层冠形,可采用腹接和插皮腹接。每株接 3~4 个接穗,接后包好。为保持接口和接穗的湿润,利于接口形成层产生愈伤组织,可采用套塑料袋的方法,加强管理,提高成活率。

在冬季进行修剪,调整枝条方位,使其分布均匀,培养扩大伞形树冠。修剪方法一般都采用重短截,可剪掉枝条长的 80%~90%,在接口位置划一水平面,沿水平面剪截各类枝条。剪口芽要选留向外、向上生长的芽,以便长出后向外、向斜上方生长,使冠幅逐年扩大。要从基部剪掉交叉枝、直立枝、下垂枝、病虫枝、细弱小枝,短截后所剩枝条都要呈向外辐射状生长。生长季节注意剪除接口处和砧木树干上的萌蘖枝,嫁接后经过 2~3 年培育即可形成伞形树冠的大苗。

实训 1　苗木移植技术

1. 目的要求

通过本实训使学生能够熟练掌握园林苗木的移植方法;要求学生按教师实践教学的要求把握好实践教学的各环节,最终使每个学生都能独立操作完成园林树木苗木移植的整个过程,强化学生的实践动手能力。

2. 材料与工具

二年生园林树木一种、铁锹、皮尺等。

3. 实训方法

1)整地、挖坑或开沟

先在地表均匀地撒一层有机肥,深翻后打碎土块,平整土地,划线定点。挖沟深 50~60 cm,宽 70~80 cm;挖坑深 60 cm,直径 80 cm。

2)起苗

(1)裸根起苗　在苗木根幅直径为 30~40 cm 范围之外下锹,切断周围的根系,再切断主根提苗。

（2）带土球起苗　先铲除苗木根系周围的表土,以见到须根为度,然后按土球直径30～35 cm、厚30 cm的规格,顺次挖去规格周围之外的土壤。待四周挖好后,用草绳包扎土球,包扎好后再铲断主根,将带土球的苗木提出坑外。

3）苗木处理

（1）裸根苗处理　剪短过长的根系,剪去病虫根或根系受伤的部分,同时把起苗时断根后不整齐的伤口剪齐,主根过长时将其适当剪短。

（2）带土球的苗木处理　将土球外边露出的较大根段的伤口剪齐,过长的须根也要剪短。

（3）枝条修剪　修根后还要对枝条进行适当修剪,一年生枝条进行短截。

4）栽植

每株苗用农家肥10～20 kg与表土混合后施入坑底或沟底,然后边回填边踩实,直到距地面20～30 cm为止。回填后将表面做成圆丘形,放入苗木,使根系舒展,苗干位于坑或沟的正中。种植时两人配合,一人扶苗,一人填土。填土时先用细土将根系覆盖,填土至一半时轻轻把苗木上提,踩实后再填土,边填边踩,直到与地表相平为止。苗木埋土的深度为原来的深度或稍深1～2 cm。埋完土后平整地面或筑土堰,以便浇水。带土球的苗木放入坑中后,要先将土球的包扎物拆下取出,再在土球的外围填土。边填土边踩实,直到土球上方为止。

4. 注意事项

（1）挖坑和沟时四壁要垂直,不能挖成上大下小的斗形,也不要上小下大。

（2）起苗时要尽量保护好苗木的根系,不伤或少伤大根,少保留须根;也要注意保护树苗的枝干。

（3）移植前要将苗木按大小及树形完好程度分级,分批栽植。

（4）栽植时使苗木的根系舒展,不能卷曲和窝根,覆土后要踩实,栽植的深度要比原来的土印深1～2 cm。

5. 实训报告

记录苗木移植过程,并对苗木生长状况进行记载。

实训2　苗木的整形、修剪

1. 目的要求

通过本实训使学生能够熟练掌握园林苗木的整形、修剪方法;要求学生按教师实践教学的要求把握好实践教学的各环节,最终使每个学生都能独立操作完成园林树木整形、修剪的整个过程,强化学生的实践动手能力。

2. 材料与工具

（1）材料　根据当地现有条件,选择需要修剪、整形的园林植物,如观花、观果类,行道树、庭荫树、绿篱等。

（2）工具　修枝剪、长刃剪、园艺锯、梯子、绳索、卷尺等。

3.实训方法

1）准备

对植物进行仔细观察，了解其枝芽生长特性、植株的生长情况及冠形特点，结合实际进行修剪。

2）选择正确的修剪方法

按顺序依次具体修剪（具体方法参见有关章节的内容）。

3）检查

检查是否漏剪、错剪，进行补剪或纠正，维持原有冠形。

4）整理

修剪完毕，清理现场。

4.实训报告

写出修剪方案。

本章小结

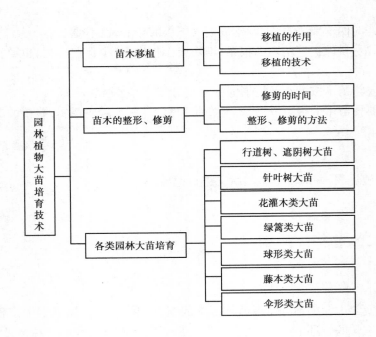

复习思考题

一、名词解释

1. 大苗　2. 移植　3. 芽的异质性　4. 顶端优势　5. 干性　6. 层性　7. 短截　8. 回缩
9. 疏枝　10. 环剥　11. 剪口　12. 剪口芽　13. 整形　14. 修剪

二、填空题

1. 落叶乔木大苗培育主干的方法:_____、_____、_____。

2. 伞形类苗木培育时,先培育较大的_____,然后嫁接_____品种即成为伞形树形,一般砧木粗_____ cm,嫁接高度可视需要而定,一般在_____ m 处嫁接。

3. 一般阔叶树种,苗龄满一年进行_____移植,以后每隔_____年移植一次。

4. 起苗的方法有_____、_____。

5. 修剪时为了调节侧枝的生长势,应对强侧枝_____剪,对弱侧枝应_____剪,以花果压枝势。

6. 修剪时留下的伤口称为_____,离剪口最近的芽称为_____。

7. 行道树修剪整形时最关键的是确定_____。

8. 修剪技艺中的剪枝按其剪的方式可分为_____和_____两类。

9. 修剪的程序有_____、_____、_____、_____。

10. 修剪的程序通常是由_____到_____,由_____及_____。

11. 整形是通过一定的_____手段来完成的,而修剪又是在一定的_____基础上,根据某种目的要求而实施的。

12. 修剪整形对树木生长发育既有_____的作用,也有_____作用。

13. 根据芽的萌发情况,可将其分为_____和_____两种。

14. 植物的分枝方式主要有 3 种,即_____、_____和_____。

三、选择题

1. 行道树一般要求主干高(　　　)。
A. 1.8 ~ 2.0 m　　　B. 2.5 ~ 3.5 m　　C. 3 ~ 4 m　　　D. 4 m 以上

2. 庭荫树一般要求主干高(　　　)m。
A. 1.8 ~ 2.0 m　　　B. 2.5 ~ 3.5 m　　C. 3 ~ 4 m　　　D. 4 m 以上

3. 下列修剪方法中属于休眠季修剪的是(　　　)。
A. 捻梢　　　　　　B. 折裂　　　　　C. 疏剪　　　　D. 摘心

4. 修剪时剪口距剪口芽的距离为(　　　)cm 比较合适。
A. 3　　　　　　　B. 0.5 ~ 1　　　　C. 2　　　　　D. 0.1

5. 在饱满芽处下剪,剪去枝条的 1/2 ~ 4/5 的短截是(　　　)。
A. 轻短截　　　　　B. 中短截　　　　C. 重短截　　　　D. 极重短截

6. 萌芽力强、干性弱的树种培育大苗适宜用(　　　)法。
A. 截干法　　　　　B. 渐次修剪法　　C. 剪梢接干法　　D. 高桩插干法

7. 常绿树种及规格较大的苗木移植时,采用哪种起苗方法? (　　　)

A. 裸根起苗　　　　　　B. 带土球起苗　　　C. 带宿土起苗　　　D. 都可采用

8. 垂枝类苗木如龙爪槐,一般用哪种短截?(　　　)

A. 轻短截　　　　　　　B. 中短截　　　　　C. 重短截　　　　　D. 极重短截

9. 适于培养骨干枝的短截类型是(　　　)。

A. 轻短截　　　　　　　B. 中短截　　　　　C. 重短截　　　　　D. 极重短截

四、判断题

1. (　　　)常绿树适宜裸根移植。

2. (　　　)行道树一般要求主干高 1.8 ~ 2.0 m。

3. (　　　)庭荫树一般要求主干高 2.5 m。

4. (　　　)幼苗移植时,主根和部分侧根被切断,能刺激根部产生大量的侧根、须根,促进根系生长发育。

5. (　　　)干性弱、萌芽力强的树种为了培养通直的主干可以采用截干(平茬)的方法。

6. (　　　)大苗培育时通常是密植养冠、稀植养干。

7. (　　　)北方移植苗木以春季为主,此时芽未萌发,根系恢复生长快,苗木成活率高。

8. (　　　)萌芽力、成枝力都强,表现为植物耐修剪。

9. (　　　)通过合理剪留剪口芽,可控制枝条的生长方向和枝势。

10. (　　　)观花、观果植物的修剪,则应在花芽分化前和花期后进行。

11. (　　　)剪具有纯花芽的枝条剪口芽留叶芽。

12. (　　　)修剪时为防止剪口芽失水剪口距剪口芽应在 2 cm 以上。

13. (　　　)树木环剥的宽度为树干或枝条直径的1/3。

14. (　　　)对伤流旺盛的树种修剪期可延迟些。

15. (　　　)具有混合芽的树木种类修剪时剪口可以在混合芽处。

五、问答题

1. 幼苗移植时应注意哪些问题?

2. 落叶乔木大苗树冠培育技术是什么?

3. 修剪的五大技法是什么?

8 商品苗出圃

【知识要点】

商品苗出圃是苗木管理的最后一项工序,本章主要介绍了苗木出圃各个环节的意义和技术要求,出圃苗木的规格和质量标准,重点对苗木的质量规格要求、掘苗的规范操作和包装运输过程进行了详细的介绍。

【学习目标】

1. 了解苗木出圃的质量要求;
2. 掌握苗木出圃的基本步骤及技术要点;
3. 学会苗木调查和苗木掘取的方法;
4. 熟练进行起苗及土球包扎技术操作。

8.1 商品苗出圃的规格及调查

园林苗木主要用于城市绿化,出圃苗木的质量,直接关系到苗木的成活率和城市绿化效果。为了更好地发挥苗木的绿化作用,出圃苗木时必须符合园林绿化的用苗要求,各地制订有相应的质量标准。

商品苗出圃

8.1.1 质量指标及要求

1)苗木树体完整

出圃的园林苗木应生长健壮,树体饱满,基础骨架良好,主干较粗。因此,幼苗培育期,应做好树体基本骨架的培育工作,注意苗木的生长势和正常叶片的颜色。这样,园林苗木的景观作用才能真正地发挥出来。

2)苗木无损伤

园林苗木的培育,对于一二年就要出圃的苗木,一般要求进行营养袋培育,才能够保证全苗移栽。对于要进行裸根起苗的园林苗木,要求根系发育良好,起苗时尽量多带根。一般采用带土球的方法来保护根系,土球的大小一般根据需要来确定。

根据苗木生长发育规律和苗木培育的经验,要使须根发育良好,关键在于土壤的选择。一般选择土质偏沙、土层稍薄的土壤,这样,肥、水管理要困难一些,但苗木的须根发达,易于起苗,栽植后更容易成活。

3)苗木无病虫害

出圃的苗木必须无病虫害,特别是检疫性的病虫害,这样才能保证园林苗木的生长势和园林树木的绿化效果。

8.1.2 规格及分类

苗木的出圃规格,一般根据绿化任务的不同来确定。如用作花坛、花台等重点绿化区域,要求苗木树形优美,生长旺盛。现介绍四川园林协会对园林苗木规格的标准,如表8.1至表8.3所示。

表8.1　出圃苗木的质量要求

	规　格	根　系	外　观
乔木	胸径≥3 cm	苗木根系发育良好,须根多,根径大小适宜,不劈不裂	生长健壮,主干通直,分枝合理,分枝点合理,叶、枝色泽正常,树冠完整不偏冠,顶芽饱满无损,剪口伤愈合平整,无病害和机械损伤
灌木	主枝≥4~6个,冠丛直径≥80 cm		
球形乔木	冠丛丰满,不亮脚		
绿篱苗木	冠丛直径≥80 cm,高度≥30 cm		
攀缘苗木	支蔓长≥2 cm		

表8.2　裸根苗的规格尺寸

树木	苗木规格 乔木:胸径/cm、灌木:苗高/m	根系规格	
		根幅直径/cm	根系深度/cm
乔 木	3.1~4.0	35~40	25~35
	4.1~5.0	45~50	35~40
	5.1~6.0	50~60	40~45
	6.1~8.0	70~80	45~55
	8.1~10.0	85~100	55~65
	10.1~12.0	100~120	65~75

续表

树木	苗木规格 乔木:胸径/cm、灌木:苗高/m	根系规格	
		根幅直径/cm	根系深度/cm
灌木	1.0 以下	25～30	20 左右
	1.1～1.5	40～45	25 左右
	1.6～1.8	45～50	30 左右
	1.9～2.0	50～55	35 左右
	2.1～3.0	55～65	40 左右

注:根幅直径也可按苗木地径的 8～10 倍计算。

表8.3　带土球苗规格

苗木基径/cm	土球规格	
	土球直径/cm	土球高度/cm
3.0 以下	25～30	15～20
3.0～5.0	30～35	25～30
5.1～6.0	40～45	30～35
6.1～8.0	50～65	35～40
8.1～10.0	65～75	40～50
10.1～12.0	75～85	50～60
12.1～14.0	85～95	60～65

备注:(1)土球直径也可以按苗木地径的 7～8 倍掘起;

　　　(2)一年生绿篱的根系完整,随带土;二年生绿篱苗带土球,直径20 cm 左右。

8.1.3　出圃前苗木调查

苗木调查是指在秋季苗木停止生长后对全圃苗木进行的产量和质量的调查。

1)苗木调查的目的

通过苗木调查,了解全圃苗木的数量和质量,以便做出苗木的出圃计划和翌年的生产计划。并可通过调查,进一步掌握各种苗木的生长发育状况,科学地总结育苗经验,为今后的生产提供科学依据。苗木调查的结果应作为苗圃生产档案的一部分存档管理。

2)苗木调查的时间

为使调查所得数据真实有效,苗木调查的时间一般选择在每年苗木高、径生长结束后进行,落叶树种在落叶前进行。因此,出圃前的调查通常在秋季。生产上也有些苗圃为核实育苗面积,检查苗木出土和生长情况,在每年5月调查一次。

3）苗木调查的方法

苗木调查应结合苗圃生产档案和生产区踏查进行。进行苗木调查前,应先查阅往年的生产档案,按树种、苗龄、育苗方式方法确定调查区及调查方法。以调查区面积的 2%～4% 确定抽样面积,在样地上逐株调查苗木的各项质量指标及苗木数量,根据样地面积和调查区面积估算出此类苗木的产量与质量,进而统计出全圃苗木的生产状况。

常用的调查方法分两类:逐株记数法和抽样统计法。

（1）逐株记数法　对于数量较少或较为珍贵的苗木的调查,常按种植行清点株数,抽样测量苗木各项质量指标并求出此类苗木的平均值,以掌握苗木的数量和质量状况。

（2）抽样统计法　抽样统计法是指在某类苗木的生产地块中选取在数量和质量上有代表性的种植行或种植地块进行调查。

①标准行法:适用于移植区、部分大苗区及扦插区等。在要调查的苗木生产区中,选取某一数字的倍数的种植行或垄作为标准行,在标准行上选出有代表性的一定长度的地段进行苗木质量和数量的调查,计算出调查地段的总长度和单位长度的产苗量,以此推算出单位面积的产苗量和质量,进而推算出该类苗木的总的质量和产苗量。

②标准地法:适用于苗床育苗、播种的小苗。在调查区内随机抽取 1 m² 的标准地块若干,在标准地上逐株调查苗木的数量和质量指标,计算出 1 m² 苗木的平均数量和质量,进而推算出该类苗木的产量和质量状况。

4）苗木调查的内容

针对苗木高度、地径或胸径、冠幅和苗木的数量等指标调查苗木。调查过程中常按不同树种、不同育苗方法、不同种类和苗龄分别进行调查、记载、计算并分析数据,然后将各类苗木分别统计、归纳、汇总,写进苗木调查统计表(见表 8.4),并以此归入苗圃生产档案。

表 8.4　苗木调查统计表

生产区	类　别	树　种	苗　龄	面　积	质量指标			株　数	备　注
					高　度	地　径	冠　幅		

调查记录人＿＿＿＿＿＿＿＿

调查日期＿＿＿年＿＿＿月＿＿＿日

8.2　起苗及假植

8.2.1　起苗

1）起苗时间

起苗时间主要根据各树种苗木的生物学特性来确定,同时,要与园林绿化栽植的时期紧密配合,有时还要兼顾到苗圃的整地作业时间。在我国大部分地区,植物生长随季节变化而有所不同,为保证苗木的移植成活率,应选择在苗木新陈代谢相对较为缓慢的时期进行起苗工作。一般来说,落叶树种的起苗常选择在秋季落叶后或春季萌芽前的休眠期进行,也有些树种可在雨季进行;常绿树种的起苗,北方地区大都在雨季或春季进行,南方则在春季气温转暖后的 3— 4 月份或秋季气温转凉后的 10 月份后以及雨季进行。

确定具体的起苗时间,要考虑到当地气候特点、土壤条件(如春季短、道路泥泞等)、树种特性(发芽早晚、越冬假植难易等)和经营管理上的要求(如栽植时间的早晚、劳力安排和育苗地使用情况)。

2）起苗、包扎与包装规范

掘苗应按事前选定或已做了标记的树种进行作业。

掘苗根系的规格是根据树种、苗木规格、圃地土壤类型、移植季节类型来决定。如移植成活力差、根系细长稀少、树根树龄较大,而又从没移栽过的生长在粘土内的苗木,其掘苗的留根规格须相应加大,反之可酌情减少。挖掘苗木时如土壤干燥,需在掘苗前 6 ~ 7 d 灌一次水;土壤过湿,应提前排水,以利掘苗。

挖掘苗木前应先将树冠、树枝用草绳拢起,以利苗木搬运,避免损折枝丫。

掘苗工具要锋利,遇到较粗根时,要用手锯锯断,保持切口平整。断主根时,必须用利撬切断,防止主根劈裂。

掘苗时,先铲去地表 3 ~ 5 cm 厚的浮土(不伤地表根为度),然后在土球规格或根系规格外,开沟垂直下挖,直到达到所要求的土球深度为止。土球大的可先打腰箍,再向内斜削,切断主根,掘起土球,修整光滑。在保证土球规格的原则下,土球修整成上大下小,呈苹果形。如挖掘裸根苗,不要剔除护心土。

挖掘苗木后,要立即将树穴填平,清理园圃,保持圃地干净卫生。

挖掘的苗木应根据苗木种类和运输过程的不同情况进行必要的包装。常用的包装材料有稻草、草绳、草片、蒲包、塑料薄膜,以及苔藓、锯末屑等保湿材料。对远距离运输的裸根小苗,可先在根部打泥浆,再用稻草、草片或塑料薄膜包装。

土球直径 25 cm 以下可用稻草包扎。土球直径大于 25 cm 的用草绳包扎。土球包扎一定要按绿化工程规定的要求进行,包扎紧密,包装紧实,土球底部要封严不漏土。草质包扎物须事先用水浸湿,再行包装。

挖掘、包扎土球苗时,要防止苗木左右摇摆和根动,防止苗木受机械损伤,一定要保证苗木土球完好。

8.2.2 假植

将园林植物的根系用湿润的土壤暂时培埋起来,防止根系干燥的操作,称为假植。

根据假植时间的长短,可分为临时假植和长期假植两种。在起苗后或栽植前进行的假植,叫作临时假植,也称为短期假植。当秋季起苗后,苗木要通过假植越冬时,叫作越冬假植,也称为长期假植。

1）长期假植

（1）假植地点   应选择地势较高、排水良好、背风、便于管理和不影响翌春作业的地方。切忌选在低洼地或土壤过于干燥的地方假植,以防苗根霉烂或干燥。

（2）假植时间　　北方地区大约在10月下旬到11月上旬立冬前后假植为宜。假植过早,因地温高苗木容易发热霉烂,造成损失,但也要避免因假植过晚使苗木冻在地里。

（3）假植顺序　　一般先阔叶树苗,后针叶树苗。由于刺槐、槐树、锦鸡儿等豆科树种苗木耐寒力较弱,根部水分较多,又有根瘤,既怕冻又怕地温高,因此假植不宜过早,可以在最后结冻前一两天假植。

（4）假植方法　　育苗面积较小时,假植苗木数量不多,可以采取人工挖假植沟假植。即在选定的假植地点,用铁锹挖一条与主风方向垂直的假植沟（如东西向）。沟的规格因苗木的规格不同而异,播种苗一般深、宽各30～35 cm。将沟内挖出的土放于沟的一侧（如南侧）,堆成45°的斜坡,迎风面的沟壁也做成45°的斜壁。然后,将苗木单株均匀地摆于斜壁上（苗梢向南）,使苗木根部在沟内舒展开,苗木根径略低于地表。最后,用下一条沟中挖出的湿土将苗根及苗径的下半部盖严、踩实,使根系与土壤密接。

假植时要做到单摆（或小束）、深埋、踩实,使根土密接。假植地上隔一定距离留出步道。假植均要分区、分树种、定数量（每几百株或几千株做一标记）,在地头上插标牌,注明树种、苗龄、种类、数量、假植时间等内容,并绘出平面示意图以便于管理。

假植期间要经常检查,发现覆土下沉要及时培土。春季化冻前要清除积雪,以防雪化浸苗。如早春苗木能及时出圃栽植时,为了抑制苗木的发芽,可用席子或稻草、秸秆等覆盖遮阴,降低温度,适当推迟苗木的萌发。

2）临时假植

临时假植与长期假植基本要求略同,只是在假植的方向、长度、集中情况等方面要求不那样严格。由于假植时间短,对较小的苗木允许成束地排列,不强调单摆,根系舒展,但也要做到深埋、踩实。

3）假植的注意事项

（1）假植沟的位置　　应选在背风处,以防抽条;选在背阴处,防止春季栽植前发芽,影响成活;选在地势高、排水良好的地方,以防冬季降水时沟内积水。

（2）根系的覆土厚度　　既不能太厚,也不能太薄,一般覆土厚度在20 cm左右。

（3）沟内的土壤湿度　　以其最大持水量的60%为宜,即手握成团,松开即散。过干时,可适量浇水,但切忌过多,以防苗根腐烂。

（4）覆土中不能有夹杂物　　覆盖根系的土壤中不能夹杂草、落叶等易发热的物质,以免根系上热发霉,影响苗木的生活力。

（5）边起苗边假植　　减少根系在空气中的裸露时间,这样可以最大限度地保持根系中的水分,提高苗木栽植的成活率。

8.3　商品苗检疫和运输

商品苗检疫和运输是苗木出圃的最后环节,也是保证苗木质量的重要环节。

8.3.1　植物检疫

我国严格执行苗木检疫制度,它是防治病虫害传播的有效措施,对于新品种的引入尤为重要。为了避免检疫性病虫害随苗木传播,园林植保部门在掘苗前必须进行苗木的田间检疫。外调苗木要严格检疫手续,需国家机关或指定的专业人员对不同的地块、不同的品种进行抽样检验,同时办理苗木检疫合格证。发现检疫对象有病虫苗木,应就地销毁。经检疫后可以外调的,必须认真做好消毒工作。一般消毒的方法有:用 0.1% 的波尔多液浸苗 5 min,取出后用清水漂洗;或用波美 3°~4° 石硫合剂喷洒或浸苗 10~20 min,用清水冲洗。

我国 1996 年颁布的《植物检疫条例》规定了感染 35 种病虫害的观赏植物禁止进口,它们是:松材线虫病、松疱锈病、松针红斑病、松针褐斑病、冠瘿病、杨树花叶病毒病、落叶松枯梢病、毛竹枯梢病、杉木缩顶病、桉树焦枯病、猕猴桃溃疡病、肉桂枝枯病、板栗疫病、香石竹枯萎病、菊花叶枯线虫病、柑橘溃疡病、杨干象、杨干透翅蛾、黄斑星天牛、松突圆蚧、日本松干蚧、湿地松粉蚧、落叶松种子小蜂、泰加大树蜂、大痣小蜂、柳扁蛾、双钩异翅长蠹、美国白蛾、锈色粒肩天牛、双条杉天牛、苹果棉蚜、苹果蠹蛾、梨圆蚧、枣大球蚧、杏仁蜂等。

各地区可根据有无发生和蔓延情况制订对策,严格控制和防治,做到疫区不送出,新区不引进。

8.3.2　苗木包装

苗木在调运过程中,要进行妥善的包装。包装的目的是防止苗木在运输过程中苗根干燥,苗木腐烂、擦伤或压伤。防止苗木干枯的措施是使用保湿材料严密包裹。防止苗木擦伤或压伤,要求包装物坚固耐压,苗木在包内的排列、装法也须适宜。苗木包装应力求经济、简便,形体大小适宜。苗木根系比地上部分容易失水,细根比粗根更怕干燥。如短距离运输,苗木可直接用筐、篓或车辆散装运输;长距离运输必须采取保湿措施。

1) 包装容器

包装容器具有容纳和保护的双重作用。一般要求材料坚固、质轻,不易变形,无不良气味,价格低廉,取材方便,容器大小适当,便宜运输和堆放,内部光滑、清洁,外形美观大方。总之,包装容器应符合科学、经济、牢固、美观、实用的原则。

包装容器的种类很多,但多数仍采用传统的包装容器。如用柳条、荆条、竹篾或铁丝等制成的容器,用木版、木条、胶合板、纤维板制成的箱,以及用麻、草等织成的袋等。近年来,瓦楞纸、塑料板等制成的包装容器品种日益增多,如瓦楞纸箱、钙塑瓦楞纸箱、塑料周转箱、泡沫塑料盘、塑料杯、塑料盒、塑料薄膜袋、硅窗薄膜袋等。包装容器应根据使用时间、产品性质、运输距离、贮藏时间和销售情况而定。如市场销售时,多采用精制、美观、携带方便的纸袋、薄膜袋、棉织或塑料网袋。

2) 包装方法

(1)包装前的处理　目的是为了提高苗木的存活率。一般要求裸根苗要打泥浆,尽量使根系完整,同时对植物进行再次修剪。

(2)包裹　根据园林苗木的质量进行合理的包装,重点是对根系的保湿工作。包裹时必须完整,不能损伤根、茎、叶。

(3)注意事项　起苗后应及时进行苗木的包装,避免被太阳照射过久,影响苗木的存活率和苗木的生长发育。

8.3.3　苗木运输

运输苗木时,为了防止苗木干燥,一般使用塑料薄膜、草帘、麻袋等之类的东西覆盖在苗木上。在运输期间应经常检查包装内的温度和湿度,如果湿度不够应及时喷水,温度过高应注意通风降温。为了缩短运输时间,最好采用速度快的运输工具。苗木运到目的地后,应对苗木进行检查,符合规格的才能进行假植。运输时间长,苗根较干时,应先将根部用水浸一段时间后再进行假植。

实训　苗木出圃技术

1. 目的要求

掌握苗木调查、起苗、包装、假植的方法。

2. 材料用具

(1)材料　落叶树苗(白蜡、栾树等)、针叶树苗(桧柏、云杉等)。

(2)用具　铁锹、草绳或草袋、修枝剪、水桶等。

3. 方法步骤

1)苗木调查

采用标准行法,每隔5行选1行或1垄作标准行,全部标准行选好后进行苗木质量指标和数量的调查,如苗高、根颈直径或胸径、冠幅、顶芽饱满程度、针叶树有无双干或多干等。然后计算调查地段的总长度,求出单位长度的产苗量,以此推算出 667 m^2 的产苗量和质量,进而推算出全区的该苗木的产量和质量。

2)起苗

(1)裸根起苗　落叶阔叶树在休眠期移植时,一般采用裸根起苗。一般根系的半径为苗木地径5~8倍,灌木一般以株高的1/3~1/2确定根系半径。

起小苗时,在规定的根系幅度稍大的范围外挖沟,切断全部侧根,然后于一侧向内深挖,轻轻倒放苗木并打碎根部泥土,尽量保留须根,挖好的苗木应立即打泥浆。苗木如不能及时运走,应放在阴凉通风处假植。

起苗前如天气干燥,应提前2~3 d对起苗地灌水,使苗木充分吸水,土质变软,便于操作。

(2)带土球起苗　一般乔木的土球直径为根颈直径的8~16倍,土球高度为土球直径的2/3。应包括大部分的根系在内,灌木的土球大小以其高度的1/3~1/2为标准。

3) 分级

4) 苗木的包装

（1）裸根苗包扎　将包装材料铺放在地上,上面放上苔藓、锯末、稻草等湿润物,然后将苗木根对根放在包装物上,并在根间放些湿润物。当每个包装的苗木数量达到一定要求时,用包装物将苗木捆扎成卷。捆扎时,在苗木根部的四周和包装材料之间,应包裹或均匀填充一定厚度的湿润物。捆扎不宜太紧,以利通气。

（2）带土球苗包扎　最简易的包扎方法是四瓣包扎,即将土球放入蒲包中或草片上,然后拎起四角包好。大型土球包装应结合挖苗进行。按照土球规格的大小,在树木四周挖一圈,使土球呈圆筒形。用利铲将圆筒体修光后打腰箍,第一圈将草绳头压紧,腰箍打多少圈视土球大小而定,到最后一圈,将绳尾压住,不使其分开。腰箍打好后,随即用铲向土球底部中心挖掘,使土球下部逐渐缩小。为防止倾倒,可事先用绳索或支柱将大苗暂时固定,然后进行包扎。草绳包扎主要采用橘子式,即先将草绳一头系在树干(或腰绳)上,在土球上斜向缠绕,经土球底沿绕过对面,向上约于球面一半处经树干折回,顺同一方向按一定间隔缠绕至满球。然后再绕第二遍,与第一遍的每道肩沿处的草绳整齐相压,缠绕至满球后系牢。再于内腰绳的稍下部捆十几道外腰绳,而后将内外腰线呈锯齿状穿连绑紧。最后在计划推倒的方向上沿土球外沿挖一道弧形沟,将树轻轻推倒,这样树干不会碰到穴沿而损伤。

5) 假植

选地势高燥、排水良好、背风且便于管理的地段,挖一条与主风方向相垂直的沟。规格根据苗木的大小来定,一般深、宽各为 30 ~ 45 cm,迎风面的沟壁成45°。将苗木成捆或单株摆放此斜面上,填土压实。

4. 实训报告

（1）填写苗木调查统计表(见表8.4)。

（2）根据实际操作,整理苗木出圃的方法步骤,写出报告。

本章小结

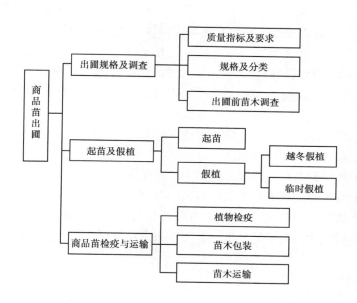

复习思考题

一、名词解释

1.假植　2.苗木出圃

二、填空题

1.苗木的假植分为_____和_____。

2.越冬假植开沟方向与_____垂直,苗稍朝_____。

3.用做行道树的落叶乔木出圃规格通常要求枝下高为_____m,胸径为_____cm以上。

4.苗木出圃调查方法有_____、_____、_____。

5.苗木出圃包括_____、_____、_____、_____等。

6.起苗的方法有_____、_____、_____。

7.苗木分级时,根据苗木的年龄、_____、_____、冠幅和主侧根的状况,将苗木分为_____、_____和_____3类。

8.一般乔木的土球直径为根颈直径的_____倍,土球高度为直径的_____。

9.灌木裸根起苗时一般以株高_____确定根系半径。

三、选择题

1.越冬假植时,挖假植沟的方向为(　　　)

A.南北向　　　　　　B.东西向　　　　　　C.与当地主风方向垂直

2.一般常绿乔木的土球直径为胸径直径的(　　　)倍。

A.8~10　　　　B.5~6　　　　C.2~3　　　　D.12~13

3.一般乔木起苗时土球高度为直径的(　　　)。

A.2/3　　　　B.1/2　　　　C.1/4　　　　D.2/5

4.灌木裸根起苗时一般以株高(　　　)确定根系半径。

A.1/3~1/2　　　　B.1/4　　　　C.1/5　　　　D.2/5

5.土壤比较疏松和远距离运输的落叶树采用哪种包扎方式?(　　　)

A.井字式　　　　B.五角式　　　　C.桔子式　　　　D.三角式

6.对珍贵树重的大苗和针叶树大苗,采用哪种方法进行苗木调查?(　　　)

A.准确调查法　　　B.标准行调查法　　　C.标准地调查法　　　D.标准木调查法

四、判断题

1.(　　　)带土球起苗时土球直径是苗木地径的15~20倍。

2.(　　　)苗木越冬假植时苗稍朝北。

3.(　　　)灌木裸根起苗时一般以株高1/4确定根系半径。

4.(　　　)一般乔木的土球直径为根颈直径的5~6倍。

5.(　　　)苗木越冬假植时,挖假植沟的方向要与当地的主风方向垂直。

6.(　　　)大中型乔木苗出圃的最低标准要求树形良好,树干通直,分枝点2~3m,胸高直径在5cm以上。

五、问答题

1. 出圃苗木怎样分级？

2. 苗木假植的方法是什么？

第3篇

现代园林苗圃
经营管理

园林苗圃生产经营策略

【知识要点】

为了使众多品种的园林植物材料在苗木生产和市场流通中处于一种可持续发展的势头、梯次繁育、及时进行产品结构调整,统计和计划管理必须做好。本章主要介绍了园林苗圃产品结构的调整,园林苗圃年度计划的制订,园林苗圃指标管理和园林苗圃技术档案的建立。

【学习目标】

1. 了解园林苗圃产品结构确定的依据;
2. 掌握园林苗圃的指标管理;
3. 能制订园林苗圃年度生产计划;
4. 能建立园林苗圃技术档案。

9.1 园林苗圃产品结构的确定

园林苗圃生产经营策略

园林苗圃是园林苗木生产、经营单位。一个效益好的园林苗圃不仅要有利于苗木生长发育的环境条件,还要有一套繁殖、养护的技术工艺及生产管理办法与其配套。苗圃既要有能力生产出各种规格的优质对路的园林所需苗木,又要有应对市场不断调整产品结构的能力。为了使众多品种的园林植物材料在苗木生产和市场流通中处于一种可持续发展的势头,梯次繁育,及时进行产品结构调整,统计和计划管理必须做好。

9.1.1 园林苗圃产品结构确定的依据

苗木产品结构是苗圃生产经营的基础,确定、设计苗木产品结构的依据有两条:

1)本地区园林树木品种规划

规划是城市绿化、美化经验的总结。园林绿化设计者、绿化行业的用户、城市居民都欣赏、认用的树种,这些苗木产品才有广阔的市场。

2)新优苗木品种

园林工作者不断引进、开发新的优良的园林苗木品种,不断更新原有的苗木产品结构。这些新优苗木生产并推向绿化苗木市场,有一个被人们认识的过程,谁掌握了绿化苗木新优品种生产的主动权,谁就具有竞争力。

9.1.2 园林苗圃产品结构确定

苗木产品结构确定要长线产品和短线产品兼顾。长线产品指在圃培育时间较长,一般在10年以上的苗木产品。这些苗木大都为常绿乔木和大规格落叶乔木,因为占地面积大,在圃时间长,资金周转慢,相对投入成本高,很多小型苗圃很难经营,但这些苗木又是园林绿化、美化热销的、不可缺少的,常为大、中型苗圃的主项。短线产品是指在圃繁殖养护周期短、繁殖率高、技术工艺简单的苗木品种。一些个体、集体小苗圃热衷于这些苗木品种,他们以量取胜,是典型的市场调剂产品。大型苗圃经营的苗木品种多而全,应综合考虑常绿树和落叶树的比例以及乔木、灌木、藤木之间的比例,常规大苗和新优品种的比例等,以满足城市绿化多方面的需求。为降低成本,提高经济效益,小型苗圃应集中生产几个主打的苗木品种。

园林苗圃要想立于不败之地,要有自己的特色,打出自己的品牌,这样才有竞争能力。例如南京的艺莲苑,由搜集和经营睡莲、莲花和水生植物而迅速发展,其产品远销欧美及日本。因此,园林苗圃要根据当地的情况和自己的技术力量选择适宜的种类。

在选择种植植物的种类和品种时应有一定的前瞻性,也就是说,种植那些能适应将来的发展趋势的品种。一般来说,应以本国的优良绿化观赏植物为主,引入国外或外地新优品种为辅;同时,在引种时应特别注意引入品种的生活习性和生态适应性,以防不必要的损失。这方面的教训在我国苗圃业出现很多,既浪费资金,又浪费时间。

加强自有知识产权新品种的培育,这也是苗圃发展的一条重要途径。结合新品种的引种,进行选育或有性杂交培育具有自有知识产权的新品种。在新品种大量推出时,既获得较大的利润,也提高了苗圃的知名度,对苗圃的发展更为有利。

9.2 园林苗圃年度生产计划制订

苗圃生产对时间的要求比较严格,因为在田间栽培受到自然气候的影响,苗木物候期随之改变。因此,要制订与自然气候相适应的年度及阶段性生产计划,并严格实施。全年生产计划和阶段性计划的主要内容如下:

9.2.1 繁殖计划

根据产品结构确定繁殖数量,推算出种子数量、用种条量和所需占地面积,以及繁殖所需的生产设施规模、数量。按育苗规程、规范要求确定作业适合的时期,确定适宜的技术工艺,下达繁殖生产任务。

9.2.2 移植计划

在上一年繁殖生产产品产量的基础上,根据产品结构总体规划确定各树种及品种移植数量。根据不同树种养护年限、出圃年限及生长量确定株行距,进而确定所需移植用土面积。

9.2.3 养护计划

养护的内容主要是施水、肥,防治病虫害,中耕除草,整形、修剪,越冬防寒等。各项作业都有作业时间、数量、技术要求、用工、用料等具体安排。

9.2.4 销售出圃计划

苗木经过几年的养护管理,高度、粗度、生长量等达到了出圃规格,这些苗木可以列入出圃计划。按树种及品种分列,再按各规格单列,统计各种规格数量,提供给销售部门。

9.2.5 全年及阶段性用工、用料计划

根据全年及阶段性作业内容、规模数量,除以各项作业的施工定额,可以计算出所需用工的数量。生产部门把用工计划提交给劳动部门,为生产准备足够的劳务。用工计划的季节性很强,为节省开支,苗圃一般都招用季节工。

各项作业计划内容都包括有具体的生产用材料,如肥料、农药、出圃包装、防寒材料、工具、机械、燃料等。生产部门将用料计划提供给后勤部门,后勤部门可及时为生产提供物资保障。

9.2.6 苗圃的科研计划

苗圃的科研主要有两方面的内容,即引进、选育新、优园林植物材料和研究开发苗木繁殖、养护新技术工艺。生产部门每年都要根据生产实际需要,提出科研课题,写出开题报告和科研试验方案;确定课题负责人、参加人;确定完成步骤、完成时间;确定所需经费。

9.2.7　外引苗木计划

苗圃每年都要有计划地从国外引进一部分苗木。外引计划内容是：确定外引苗木树种及品种、规格、数量，确定外引地区、单位及掘苗、进苗时间和运输方式，确定本圃预留移植地面积。外引计划中，一般都要强调技术措施，提高外引苗木移植成活率。

9.3　园林苗圃指标管理

指标管理就是把各项作业标准进行量化，衡量生产管理水平，便于指导、检查苗木生产。一般归纳为一优、二新、三率、四量。苗圃专设统计员，追踪统计各项数据，为生产决策提供依据。

9.3.1　一优

一优，指的是优质的苗木。具体要求是：品种纯正、树形规整美观、长势旺盛、无病虫害和机械损伤。出圃苗经修剪整理，要求落叶乔木树木枝干分枝点规范，常绿树树干和枝冠比例适当，树姿美观。出圃苗木根系大小、土球大小、包装保护必须符合规范要求。

9.3.2　二新

二新，即新优品种和新技术工艺。二新体现苗木生产的后劲儿，是保持苗木生产可持续性发展的重要保证。在苗木市场的竞争中，二新具有强大的生命力和竞争力。品种贮备、技术贮备对一个园林苗木生产厂家是必不可少的，每年都有新优品种的园林苗木产品向社会推出，既是对园林绿化事业的贡献，也是苗木生产经济效益的一个新的增长点。每年都在不断地改造和完善苗木繁殖和养护新技术工艺，育苗技术水平会不断提高，生产效率和效益也会不断增长。

9.3.3　三率

三率，是指繁殖苗的成品率、移植苗的成活率、养护苗的保存率。三率是生产技术工艺指标，用它来检查各项作业质量的优劣。通过三率指标的达标，保证四量计划的完成。

1）繁殖苗的成品率

繁殖苗的成品率是衡量繁育小苗技术管理水平的一项重要量化指标。成品率是指成品苗木数量占繁殖苗木总量的比例。生长量指标有两个量化因子，一个是株高，一个是干（地）径粗度。成品苗又分为一级、二级、三级，其余列入等外苗。一般要求：一级苗占30%、二级苗占

50%、三级苗占20%,等外苗不在成品苗之中,这样才能达到育苗规范的标准。

2)移植苗的成活率

移植苗的成活率是检查苗木移植作业技术管理的一项重要指标。移植作业是将繁育的小苗,或养护、外引的苗木,按一定株行距定植于大田中,继续进行养护,最终达到出圃的规格。这个关键作业程序进行得不好,会造成很多被移植苗木的死亡,加大了育苗成本。苗木移植在整个育苗生产过程中所占工作量的比例较大,又是较关键的一项作业内容,质量控制事关重大。

3)养护苗的保存率

苗木养护的保存率是指经一年养护管理周期后,保存下来的实有苗木数量和年初某树木品种在圃量之比例,称为保存率。保存率的高低体现了苗圃全年养护管理水平的优劣。只有苗木的保存率高,年生长量大,苗木生产的经济效益才会有保证。

9.3.4 四量

四量是苗木生产计划、产品产量计划的数量指标。通过四量可以有目的、有计划地控制生产规模,调控苗木产品结构,控制生产各阶段有序、可持续发展。

1)苗木出圃量

苗木出圃量是体现苗圃苗木生产能力的一个重要指标,用以衡量苗圃的经营规模、技术水平和管理水平。出圃量取决于土地规模、土地利用率,取决于出圃品种及其规格,但最终取决于苗木生产技术水平和管理水平。出圃量和经济效益不形成比例关系,因产品结构和规格不同,经济效益相差很大。出圃苗木中,如常绿树所占比例大,大规格树木所占比例大,新优品种所占比例大,则经济效益会提高。

2)苗木繁殖量

苗木繁殖量是苗木生产的基础,其量化标准是由总出圃量倒算得出的。繁殖总量扣除繁殖苗的成品率、移植苗的成活率、保养苗的保存率的损失部分,才能完成出圃量计划。繁殖量计划分为繁殖品种的数量和各品种的繁殖量两个因子。这两个因子数量确定要以苗木市场为依据,同时还要结合本圃生产条件和技术能力。有些品种本圃生产条件繁育困难的,可以考虑外引,以花费较低的成本。

3)苗木生长量

苗木生长量是检验苗木养护管理水平的标准。浇水、施肥、病虫防治、除草、修剪、防寒等管理水平高,苗木生长量就会大,就能达到育苗规范制定的生长量指标。反之,生长量小,达不到出圃苗木规格,就会延长出圃年限,加大育苗成本。

4)苗木在圃量

苗木在圃量一般是在秋季工程完成后进行统计。繁殖、养护、出圃年末已成定局,在圃量其实就是苗圃实有苗木数量。在圃量由苗木树种、品种量和各品种的各种规格数量,以及各树种、品种之间的数量比例3个因子组成。

四量的关系是,出圃量和在圃量比例大致为1∶(8~10),移植量和出圃量大致比例为1∶

0.8,繁殖量和移植量大致比例为1.6∶1。

9.4　建立苗圃技术档案

园林苗圃技术档案系统记录苗圃地的使用、苗木生长、育苗技术措施、物料使用管理及苗圃日常作业的劳动组织和用工等情况。通过对它进行整理、分析和总结,可为苗圃科学育苗、科学管理提供重要依据。

9.4.1　建立苗圃技术档案的要求

①苗圃技术档案是园林生产的真实反映和历史记载,要长期坚持,不能间断。
②由专职或兼职管理人员记录,多数苗圃由负责生产的技术人员兼管。
③观察记载要认真仔细,实事求是,及时准确,系统完整。
④每年必须对材料及时汇集、整理,分析、总结,为今后的苗圃生产提供依据。
⑤按照材料形成时间的先后分类整理,装订成册,归档,妥善保管。
⑥档案管理人员应尽量保持稳定,如有变动应及时做好交接工作,保持档案持续完整。

9.4.2　园林苗圃技术档案的内容

1)苗圃土地利用档案

苗圃土地利用档案是对苗圃各作业的面积、土质,育苗树种,育苗方法,作业方式,整地方法,施肥和施用除草剂的种类、数量、方法和时间,灌水数量、次数和时间,病虫害的种类,苗木的产量和质量等逐年加以记载,一般用表格的形式记录保管存档(见表9.1)。

表9.1　苗圃土地利用表

作业区号_____作业区面积_____土壤质量_____填表人_____

年度	树种	育苗方法	作业情况	整地情况	施肥情况	除草剂情况	灌水情况	病虫害情况	苗木质量	备注

为便于以后查阅,建立土地利用档案时,应每年绘出一张苗圃土地利用情况平面图,并注明苗圃地总面积、各作业区的面积、育苗树种、育苗面积和休闲面积等。

2)育苗技术措施档案

包括苗圃有关树种的种子、根、条的来源,种质鉴定,繁殖方法,成苗率,产苗量及技术管理措施等,用表格的形式分别记载下来(见表9.2)。

表9.2　育苗技术措施

树种_____苗龄_____育苗年度_____填表人_____

育苗面积（公顷数、畦数）			前茬		
繁殖方法	实生苗	种子来源_____ 播种方法_____ 覆盖时间_____ 起止日期_____	贮藏方法_____ 播种量/(kg·hm^{-2})____ 间苗时间_____	贮藏时间_____ 覆土厚度_____ 留苗密度_____	催芽方法_____ 覆盖物_____
	扦插苗	插条来源_____ 插条密度_____	贮藏方法_____ 成活率_____	扦插方法_____	
	嫁接苗	砧木名称_____ 嫁接日期_____ 解缚日期_____	来源_____ 嫁接方法_____ 成活率_____	接穗名称_____ 绑扎材料_____	来源_____
	移植苗	移植时间_____ 苗木来源_____	移植时的苗龄_____	移植次数_____	株行距_____
整地	整地日期_____ 整地深度_____ 做畦日期_____				
灌水	次数_____ 时间_____ 遮阴时间_____				
中耕	次数_____ 时间_____ 深度/cm_____				
病虫 防治		名称	发生时间	防治日期	药剂名称	浓度	方法	效果
	病害							
	虫害							

| 施肥 | 基肥_____ 施肥日期_____ 肥料深度_____ 用量_____ 方法_____ |
| | 追肥_____ 追肥日期_____ 肥料种类_____ 用量_____ 方法_____ |

出圃	日期	总公顷数	每公顷产量	合格苗/%	起苗与包装
	实生苗				
	扦插苗				
	嫁接苗				

新技术应用 效果及问题	

存在问题 和改进意见	

3）气象观测档案

气象变化与苗木生长和病虫害的发生、发展有着密切关系。通过记载和分析气象因素,可帮助人们利用气象因素,避免或防止自然灾害。气象观测档案主要是记载气象因子,一般情况下可以从附近气象站(台)抄录,但最好由本单位设立的气象观测站进行观测。可按统一表格统一记录与苗木生长发育关系密切的气象因子,如温度、地温、降水量、蒸发量、相对湿度、日照、早霜、晚霜等(见表9.3)。

表9.3　气象记录表

年份＿＿＿＿＿＿＿　　　　　　　　　　　　　　填表人＿＿＿＿＿＿＿＿

月份	平均气温/℃				平均地表温度/℃				蒸发量/mm				降雨量/mm				相对湿度/%				日照			
	平均	上旬	中旬	下旬	平均	上旬	中旬	下旬	平均	上旬	中旬	下旬	平均	上旬	中旬	下旬	平均	上旬	中旬	下旬	平均	上旬	中旬	下旬
全年																								
1月																								
2月																								
⋮																								
12月																								

注:全年霜日＿＿＿＿＿＿,初霜出现＿＿＿＿＿月＿＿＿＿＿日,晚霜出现＿＿＿＿＿月＿＿＿＿＿;

冰日＿＿＿＿＿天,冰日出现＿＿＿＿＿月＿＿＿＿＿日,终冰出现＿＿＿＿＿月＿＿＿＿＿日;

全年极端高温＿＿＿＿＿℃,出现＿＿＿＿＿月＿＿＿＿＿日;地表温＿＿＿＿＿℃,出现＿＿＿＿＿月＿＿＿＿＿日;

全年极端低温＿＿＿＿＿℃,出现＿＿＿＿＿月＿＿＿＿＿日;地表温＿＿＿＿＿℃,出现＿＿＿＿＿月＿＿＿＿＿日;

全年气温稳定通过10℃,初期＿＿＿＿＿月＿＿＿＿＿日,终期＿＿＿＿＿月＿＿＿＿＿日;

通过20℃,初期＿＿＿＿＿月＿＿＿＿＿日,终期＿＿＿＿＿月＿＿＿＿＿日。

4）苗木生长调查档案

通过对苗木生长发育的观察,用表格形式记载各种苗木的生长过程,以便掌握其生长规律,把握自然条件和人为因素对苗木生长的影响,确定有效的抚育措施(见表9.4、表9.5)。

5）苗圃作业日志

主要记录苗圃每天所做的工作,统计各种苗木的用工量和物料的使用情况,以便核算成本,制订合理定额,更好地组织生产,提高劳动效率(见表9.6)。

表9.4　苗木生长总表

（_____年度）

树种_____　播种（扦插、嫁接、移植）期_____

播种量/（kg·hm^{-2},粒·m^{-2}）_____　种子催芽方法_____

发芽日期：自_____月_____日至_____月_____日

耕作方式_____　土壤_____　酸碱度_____　厚度_____

坡向_____　坡度_____　施肥种类_____　施肥量/（kg·m^{-2}）_____　施肥时间_____

调查次数	调查月日	标准地			前次调查各点合计株数	损失株数				现存株数	生长情况											灾害发生发展摘记
		行数	标准地	合计面积		病害	虫害	间苗	作业损失		苗高			苗粗		苗根	冠幅					
											较高	一般	较低	较粗	较细	主根长	根幅	较宽	一般	较窄		

表9.5　苗木生长调查表

育苗年度_____　　　　　　　　　　　　　　　　　　　填表人_____

树种		苗龄		繁殖方法		移植次数	
开始出苗			大量出苗				
芽膨大			芽发展				
顶芽生长			叶变色				
开始落叶			完全落叶				
项目	生长量/cm						
	日/月	日/月	日/月	日/月	日/月	日/月	日/月
苗高							
地径							
根系							

续表

树种			苗龄		繁殖方法		移植次数	
	级别		分级标准		每公顷产量		总产量	
出　圃	一级		高度/cm					
			地径/cm					
			根系					
			冠幅/cm					
	二级		高度/cm					
			地径/cm					
			根系					
			冠幅/cm					
	三级		高度/cm					
			地径/cm					
			根系					
			冠幅/cm					
	等外苗							
	其他		备注					

表9.6　苗圃作业日志表

____年____月____日　　星期____　　　　　　　　　　　　　　　　填表人____

树种	作业区号	育苗方法	作业方式	作业项目	人工	机工	作业量		物料使用量			工作质量说明	备注
							单位	数量	名称	单位	数量		
总计记事													

实训　苗木市场调查

1. 实训目的

调查所在地绿化苗木产区的园林绿化苗木的生产、经营情况,进行市场预测,分析所在地园林绿化苗木的发展趋势。

2. 实训内容与方法

(1)现场调查和观察园林绿化苗木的种类、生产量、销售量、价格等。

(2)了解园林绿化苗木各种类应用的方式方法。

3. 实训报告

（1）整理园林绿化苗木种类名录。

（2）每个学生交一篇苗木生产专题报告或苗木市场调查与预测报告。

本章小结

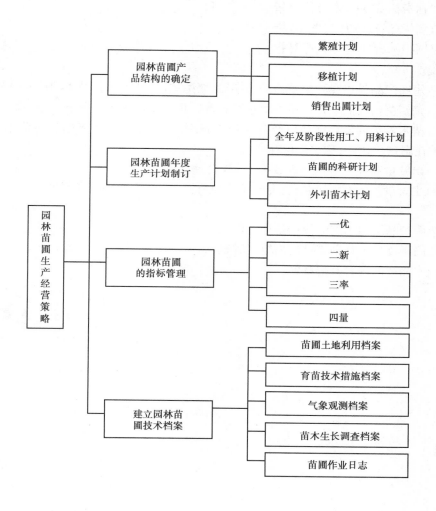

复习思考题

一、填空题

1. 园林苗圃苗木产品结构确定要_____和_____兼顾。

2. 园林苗圃指标管理一般归纳为_____、_____、_____、_____。

3. 园林苗圃指标管理的"二新"是指_____和_____。

4. 园林苗圃指标管理的"三率"是指_____、_____、_____。

5. 园林苗圃指标管理的"四量"是指_____、_____、_____、_____。

二、判断题

1. (   ) 短线产品是指在圃繁殖养护周期短、繁殖率高、技术工艺简单的苗木品种。

2. (   ) 繁殖苗的成品率是衡量繁育小苗技术管理水平的一项重要量化指标。

3. (   ) 苗木养护的保存率是指经两年养护管理周期后,保存下来的实有苗木数量和年初某树木品种在圃量之比例,称之为保存率。

4. (   ) 出圃量和在圃量比例大致为1:1较合理。

5. (   ) 生长量指标有两个量化因子,一个是株高,一个是干(地)径粗度。

三、问答题

1. 园林苗圃产品结构确定的依据是什么?

2. 园林苗圃年度生产计划制订的内容有哪些?

3. 苗圃技术档案的内容有哪些?

现代园林苗圃经营管理

【知识要点】

本章介绍了现代园林苗圃经营管理的基本概况,即园林苗圃的组织管理、经济管理和市场风险评价。

【学习目标】

1. 掌握现代企业管理的要求、组织设计的原则、组织结构的基本模式和人才管理的基本方式;

2. 熟悉园林苗圃的经济管理、经济风险的构成与特征;

3. 学会园林苗圃市场风险的规避策略。

10.1 园林苗圃的组织管理

10.1.1 组织与组织设计

组织具有双重含义,从静态看,它是指机构形式;从动态看,它是指组织活动。两者合称组织管理。

组织是管理的一项基本职能。现代企业的生产是有组织的生产,企业必须通过组织工作,对企业的生产过程进行科学的划分,并按照责权义相结合的原则,确定管理层次,划分管理范围,配备管理人员,并规定其间的相互关系和行为准则,使之协调一致地完成企业经营发展目标。所以,企业组织和企业经营管理是分不开的。经营管理的目标必须通过有效的组织形式来保证,管理的职能必须通过一定的组织与组织程序来实现。系统论的一个重要观点就是整体大于部分之和,整体具有其组成部分在孤立状态中所没有的新质。整体之所以能够大于部分之和,其主要原因就是整体具有某种结构,能使部分进行某种形式的配合。然而,要使部分密切配合,使组织结构正常运转以实现组织目标,并非易事,特别是现代大型企业或工程项目管理尤其如此。因此,研究设计、保持和改革组织结构就成为组织管理的中心任务。

1）组织设计原则

有关组织设计的经典概念早就由西方一般管理的理论家提出，这些概念为管理者从事组织设计提供了可遵循的一套原则。这些原则至今仍然能够为我们设计一个既有效率又有效果的组织提供有价值的参考。这里将一些重要的原则归纳起来，用以说明在实施组织职能中应遵循的原则。其中，有的是针对组织结构的设计而提出来的，用于指导组织结构设计；有的是针对协调人群活动过程中所涉及的一般问题而提出的，它们可用于指导处理组织活动的普遍问题。

（1）统一指挥原则　这是大多数学者都十分强调的一项组织原则。它是指组织中任何下级不应受到两个以上的上级的直接领导，即每个下属应当而且只能向一个上级主管直接负责。遵循这一原则可以避免不同上级对同一问题所下达的命令发生冲突，意在简化上下级的关系。坚持统一指挥，首先要求企业内部建立严格的管理等级链，明确各个等级的职责与权限，实施层次管理。其次，各个职能部门也不能直接指挥业务部门，职能部门是主管经理的参谋，它们与业务部门的关系是指导、服务和监督的关系；业务部门只能接受业务主管的统一指挥，这样可保证命令的统一性与直接领导。

（2）管理幅度原则　组织之所以要分为多个层次，其根本原因就在于管理幅度的限制。所谓管理幅度就是指一个上级管理者能够直接管理的下属的人数。由于任何一位管理者的时间和精力都是有限的，而且受自身的知识、能力、经验等条件的限制，因此能够有效领导的下级人数是有限的。坚持管理幅度原则，就是要确定有效管理幅度，即一名管理人员能够有效领导的下级人数。一般来说，基层组织的有效管理幅度大于上层管理组织。此外，有效管理幅度的确定，还应当考虑：管理者自身的管理能力和下属的独立工作能力，管理活动的性质，下属的分散程度，管理人员的授权状况以及企业中新问题发生的频率等因素。

（3）权责对等的原则　权即职权，指一定职位为完成工作任务所必须拥有的权力；责即职责，是指一定职位所应承担的工作义务。权责对等原则也是组织管理的一项极为重要的原则。坚持这一原则，首先要求明确规定企业内部各个层次、各种岗位、各类人员的工作职责，要求做到人人有责，界限明确；其次要注意适当授权。承担一定的职责，就必须拥有相应的权力。理论研究和实践经验都证明，权责不等对管理组织的效能损害极大。有权无责或权大责小，容易产生瞎指挥、滥用权力的情况；有责无权或责大权小，会影响工作情绪，严重挫伤员工的积极性。近年来，管理学界提出对责权义对等原则，应予以重视。

（4）专业化分工原则　即部门化原则，是指把各项任务组合起来交给相应的部门去承担。按照这一原则，组织内的各项活动应加以划分并组成专业化的群体，目的在于使各种活动专业化，这有利于简化管理人员的工作，提高工作效率，便于对各项活动进行控制。通常可采取按产品、按顾客或按地理位置实行专业化分工。产品型部门化，是把生产一种产品或产品系列的所有活动组织在一起；顾客型部门化是按其服务的顾客为基础组建而成；地理位置部门化是按其所在地点来组织。在实际采用时，要对各种不同形式的有利因素或不利因素进行分析，权衡各种方案的相对优越性。

2）组织结构设计

所谓组织结构，是指联结管理对象诸要素之间相互作用的方式。组织结构设计，即组织框架结构设计。在人类共同协作的活动中，人与人之间的关系既体现为纵向的行政隶属关系，又体现为他们之间平等的协作关系。因此，组织结构的设计应包括组织等级层次结构的划分和组织部门的设置。在组织结构设计时,除遵循组织的一般原则外,采用什么样的组织结构,还应根据工作的性质和要求以及组织内成员的素质等来确定。

（1）组织部门的建立　确定组织的发展目标并使之体现为管理目标,是管理活动的首要任务。当管理者明确了组织目标之后,管理者必须首先确定必须做哪些工作,并对工作内容进行分析和研究,实现合理的工作划分和归类。就是将完成组织目标的总任务划分为若干个具体的任务,然后将性质相似或具有密切关系的具体工作进行合并归类,并建立起专门负责各类工作的相应管理部门,再将一定的职责和权限相应地赋予有关的单位或部门。工作内容划分、归类以至组织内各个部门的确立,集中体现了社会化大生产专业化分工协作的要求,这是任何组织结构设计都不可回避的重要问题。

（2）组织结构的基本模式　目前,组织结构的基本模式主要有直线制、职能制、直线职能制、事业部制、模拟分权制、矩阵制、超事业部制、新矩阵制、多维结构制等。

园林苗圃的组织结构大多比较简单,较大型的国营苗圃一般采用直线制,而一些股份制的苗圃则多采用事业部制。一些小型的个人苗圃,组织结构松散,一人多职、多能,没有固定的组织模式。

①直线制:直线制是最早、最简单的企业组织形式(见图 10.1)。其基本特点是:指挥和管理的职能,由企业的行政领导人执行,不设专门的职能管理部门。

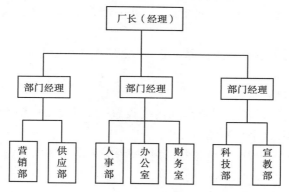

图 10.1　直线制组织结构形式示意图

直线制结构的主要优点是:形式简单,指挥统一,职责分明,决策迅速。不足是:没有专业职能机构、人员为经理(厂长)作助手、参谋,因而对企业领导人的素质要求高,要求企业领导者必须是企业管理的全才,具备广泛的业务知识和能力。直线制结构一般只适合于产品单一、工艺简单、规模较小的企业。一旦企业规模扩大,产品结构复杂,厂长就会顾此失彼,难以应付。

②事业部制(M 型组织机构):事业部制又称联邦分权制,或部门化组织结构,是一种以分权为基本特征的组织结构。这种结构最早于 20 世纪 20 年代初,由通用汽车公司的总经理斯隆提出,因而又叫斯隆模型。事业部制结构的主要特点是,把企业的经营活动按产品(或地区)加以划分,成立各个经营单位,即事业部;每个事业部在财务上向总公司负责,内部实现独立核算、自负盈亏;每个事业部都是一个利润中心,并拥有相应的独立经营的自主权。

事业部制结构如图 10.2 所示。

事业部制结构有很多优点,包括:

第一,按照"政策制定与行政管理分开"的原则,将较多的管理权力下放给各事业部,既有利于企业的上层领导摆脱行政事务,成为坚强有力的决策中心,又有利于各事业部在企业总政

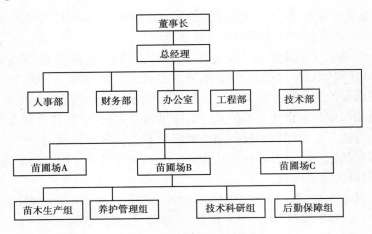

图 10.2　事业部制组织机构形式示意图

策的控制下（如投资项目、生产方面等）自主经营,充分发挥各自的积极性。

　　第二,既有较高的稳定性,又有较好的适应性,各个事业部都能灵活自主地适应市场变化,做出相应的决策。

　　第三,有利于把联合化和专业化结合起来。

　　第四,由于各个事业部独立核算、自负盈亏,易于建立衡量管理人员成绩和效率的标准,便于考核。

　　第五,事业部经理要熟悉各方面管理业务,才能经营好本事业部,因此,有利于培养全面的管理人才。

　　事业部制结构的主要缺点是:

　　第一,各个事业部内部以及公司总部均需要设置一套齐备的职能机构,因而用人多、费用高,在经济低速成长时期,这个缺点尤为突出。

　　第二,各个事业部自主经营、自负盈亏,容易只考虑本事业部的利益,闹本位主义,影响各事业部之间的协作。

10.1.2　园林苗圃的人力管理

　　在企业人财物等各要素、产供销等各环节中,人是关键因素,处于核心地位。无论是经营活动,还是管理过程,都需要人去掌握和推动。因此,对企业来说,人力资源管理极为重要。

　　人力资源管理,就是通过一定的手段,调动人的积极性,发挥人的创造力,将人力资源的潜能转变为财富的活动总称。具体包括技能管理和知能管理两个方面。技能管理是针对操作人员进行的,与技能管理密切相关的人文变量主要是:体质、特长、经验和个人覆盖度。

1）体质

　　各种工具设备都对其操作人员有一定的体质要求,为了保证操作人员达到一定的时空符合度,在任用之前必须对其进行体格检查和面试。此外,人类体质随年龄、性别的不同而呈现出规律性的差异。因此,作为程序化的管理,在选用操作人员时,常附以年龄的限制,有时甚至也对性别加以限制。园林苗圃生产与施工中有不少人力操作工具,并且在许多情况下是露天作业,以及在不同的气候条件下作业,故对体质的要求应与对智商的要求同等重视。

2)特长

在择人、用人时就要十分重视有特长的人,特长越突出,越能做出贡献。对于一个单位来说,必须有苦干有不同特长的人,才能使这个单位生辉。人力资源管理中有一句名言:没有"平庸的人",只有"平庸的管理"。每个人总是有长处的,高明的主管善于从每个普通的员工身上,发现有价值的东西,并加以引导和开发。一般来讲,操作人员的特长会随着经验的积累而逐步进展。

3)个人覆盖度

为了鼓励操作人员提高个人覆盖度(胜任多方面工作的能力),通常采用升级、调配以及相应的工资、奖惩制度。升级通常有一定的年资要求,并附以功绩或考试考察。调配则是为了开发某些人的经验优势,将其从一个工种调配到另一个工种。如从设备安装调试人员调配为设备维修人员,从花卉生产人员调配为树木花卉的养护人员等。一个操作人员所掌握的特长越多越精,其个人覆盖度就可能越大。

除了技术行为之外,个人的覆盖度还与主体的文化行为相关。在某些情况下,甚至由体力及个性来决定。对个人覆盖度虽然目前尚无准确的评价方法,但它是技能管理的内容之一,是影响劳动生产率的一个重要变量。

4)知能

知能指一个人能够完成某项工作或任务的能力,如表达能力、组织能力、决策能力、学习能力等。知能管理是为了保证并提高管理人员的工作效率,或为了保证并提高工艺流程的质量、调度水平及进度水平而进行的程序制订、执行与调节。与知能管理相关的人文变量主要是:学历、资历、实绩、应变能力等。从面向大多数管理人员的程序制定来看,必须对管理人员的学历提出一定的要求,同时,为那些通过勤奋好学达到一定学力水平者提供机会。一定的学历只是管理人员的基本条件,这正如一定的体质只是操作人员的基本条件一样。因此,正如操作人员要经过培训考核之后才能正式任用一样,管理人员也要经过试用考察之后方可正式任用。

5)经验

一般来讲,大多数管理人员会随着经验的积累而在管理水平方面有所提高。为调动管理人员的积极性,提高其工作效率,也常采用升级、调配以及相应的工资、奖惩制度。根据"资历"给以任用,并辅以一定的评审措施,这是人员管理的重要内容之一。

一个管理人员的应变能力愈强,其知识、经验愈可能发挥更大的作用。另一方面,其知识愈多、愈合理,经验愈丰富,则其应变能力有可能愈强。应变能力的识别是职能管理的重要内容。园林苗圃的生产与施工中,会受到内外部环境,尤其是植物自身因素的影响很大,需要管理人员根据情况的变化,随时做出调整。

10.1.3　园林苗圃的人才管理

人才管理的目的是掌握本企业人才成长发展的规律,做到人尽其才、才尽其用。对人才的管理主要包括:发现、选拔人才,合理组织、使用和管理人才,协调人才内部与外部之间的相互关系,最充分地发挥人才的智慧和才干,做到更好地为企业服务。

1)选拔人才的方式

选才方式应强调"不拘一格",即要广开才源、广招人才。常用的方式有以下几种:

(1)贤人举才　即用推荐的方式发掘人才。这在我国有着悠久的历史,如徐庶向刘备推荐诸葛亮,鲁肃向刘备推荐庞统等,都被誉为千古佳话。

(2)广告招才　这是目前普遍采用的方式,即通过传播媒体将企业的人才需求信息广而告之,从应聘者中选择合适的人才。

(3)绩效选才　以绩效为依据择优选拔人才是比较公平合理的办法,它可以避免其他方法的一些偏差。按绩效择优选拔人才,必须制订一套绩效考核标准,并要严格考核、注重潜能。

(4)分等晋才　即企业建立不同系列(如行政和技术)的等级标准,并明确规定各种等级所适合的工作岗位,在此基础上对全体职工进行定期或不定期的考核,从而确定每一位员工的级别。当企业的某些岗位出现缺额时,就在相应级别的内部员工中选择合适的人才。这种方法虽比较复杂,但客观、公正、公开,能激发全体员工奋发向上的精神。

2)使用人才

用人是人力资源开发与管理的一个重要目的,只有人用得好,有关人事部门的工作才算有效。用人是一种管理艺术,如分配任务,即把合适的人才放在适宜的工作岗位上,或将一定的任务交给合适的人去完成。在任务分配过程中,应把握以下两个重点:

(1)人尽其才,人适其所　管理学界有名言:"世上本无垃圾,只是放错位置的财富。"应牢记,只有混乱的管理,没有无用的人,人一旦被放错了位置,就难以充分发挥其作用。因此,管理者在用人的过程中首先要树立"人才适用"观念,把人放到能发挥其聪明才智的岗位上,把工作任务分配给合适的人去完成。

(2)用人所长　屈原曾言:"尺有所短,寸有所长,物有所不足,智有所不明。"人的知识和才能,由于天赋、经历、地位等的不同和人的一生所能有的时间和精力的限制,总是只能"有所为",也"有所不为",长于此,薄于彼。因此,用人的关键是要扬长避短,要善于识别员工的最佳才能,使用人才的精华部分,智者尽其谋,勇者竭其力,仁者播其惠,信者效其忠。

3)协调关系

协调好人与人、部门与部门之间的关系,是有效管理的基础,也是用人艺术的一个重要方面。企业内部处理人际关系应把握以下4个原则:

(1)对等原则　企业内部各类人员的职位有上下之分,但人格并无等级之差。对等原则就是要求管理者在处理人际关系时要在人格上与人保持一致,尊重他人的人格。

(2)信任原则　市场经济以信用为基础,要树立信誉观念。值得强调的是:信任应该是相互的,单方面的信任是短暂的,不利于人际关系的改善、维持和发展。管理者一方面不要轻信,信任应当以了解和理解为基础;另一方面一旦许下诺言,就一定要兑现。实在无法兑现时,也必须充分说明原因。

(3)沟通原则　包括两个方面内涵:一是通信息,二是通人性。人际交往的过程实际上就是互通信息的过程。沟通的基本程序是:交流—了解—理解—谅解—和谐共处。有了交流,才能相互了解;有了了解,才能相互理解;有了理解,才能相互谅解,最后才能达到和谐共处的目的。

（4）宽恕原则　管理者要善于容忍他人的小过与缺陷，不可小题大做，对人求全责备，要冷静对待冲突，从容解决经营管理问题；不要一遇上不顺心的事，就向周围的人，特别是向下属员工发泄怨气，要把日常的烦恼"吞下去并且忘掉"，集中精力搞好工作。

10.2　园林苗圃的经济管理

微课

经济是在资源有限的条件下，人们所进行的获取或控制一定形式的物质、能量、信息，来满足社会成员或集团福利需要的程序行为。经济管理则是为了达到特定的经济目的，在群体中对人类行为所进行的程序制定、执行和调节。其效果是使人们在适当的时间、适当的空间，以适当的方式付出劳动，提高劳动效率，减少无效劳动和浪费，从而以较少的劳动时间获取较大的有效生产量。

园林经济管理受园林业自身的特点所决定，具有两个突出的特点，第一个特点是城市是园林业的主要载体，第二个特点是园林"产品"既可能是公共产品，也可能是法人产品。因此，相关产品的生产数量、质量及分配既可是独占性、垄断性的，也可能是市场性、竞争性的。虽然园林产品中法人产品的比重越来越高，但园林业的效益仍不能简单地以金钱化的利润成本之比来衡量，它的社会效益应始终放在首位来考虑。

园林苗圃是城市园林的重要组成部分，是繁殖和培育园林苗木的基地，其任务是用先进的科研手段，在尽可能短的时间内，以较低的成本投入，有计划地生产培育出园林绿化、美化所需要的各类苗木或相关园林产品。园林苗圃的"产品"除具有公共性和法人性之外，更重要的一个特点是"活物管理"占有更大的比重。在计划经济条件下，园林苗圃的生产、经营活动多是国家调拨，计划成分占很大比重。随着我国社会主义市场经济的逐步建立，苗圃的所有制形式发生巨大变化，呈现国有、集体，股份制、私营等所有制成分并存的局面，园林苗圃的经营管理显得越来越重要，越来越复杂。园林苗圃的经济管理就是要充分运用关于自然的和人类的各种知识和信息，形成时间上和空间上的特定顺序和流程，减少无效劳动和浪费，鼓励相互配合与创新，从而最经济地进行苗圃的建设、生产和经营。

10.2.1　园林苗圃的质量管理

产品质量的好坏，是衡量企业技术水平和经营管理水平的一个综合标志。任何一个企业，要生产适销对路、价廉物美的产品并使自己的产品在同类产品中以优取胜，就必须认真贯彻"以质量求生存，靠信誉求发展"的方针，加强质量管理。质量管理是当代企业发展中的一个非常重要的问题，也是直接关系到企业前途和命运的重大问题。这主要包括依据国家标准和行业标准执行苗木产品质量，进行质量调查、分析、评价，建立质量保证体系等。园林苗圃生产的质量管理包括4个环节，即确定生产规程、执行规程、检查执行规程情况、纠正违规或修订规程，这4个环节在编制质量体系文件中均应体现。园林苗圃质量管理应做好以下几方面：

1）编制质量体系文件

质量体系文件是企业开展质量管理和质量保证的基础，是质量体系审核和质量体系认证的主要依据。建立、完善质量体系文件,可以进一步理顺关系,明确职责、权限和协调好各部门之间的关系。

通常将质量体系文件划分为 3 个层次如图 10.3 所示,图中任何层次的文件既可分开,又可合并。

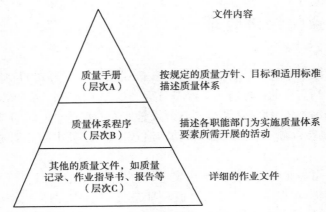

图 10.3　典型的质量体系文件划分层次

此外,在上述质量体系文件的基础上,针对某项特定产品、项目或合同可能需要编制专门的质量计划。

2)做好质量管理的计量工作

通过计量工作,可以提供各方面的数据,以实现质量管理的定量化。做好计量工作,应做到:施工生产中所需的量具、器具及仪表配备齐全,完整无缺,能正确、合理使用,达到使用灵活、可靠。为了提高计量的准确性,还要改革计量器具和计量方法,实现检测手段现代化。

3)做好质量信息工作

质量信息是反映产品质量的有关信息。质量信息从来源方面分,可分为 3 类:

(1)企业外部的质量反馈　这是属于外部信息。它是在产品使用过程中,通过对工程使用情况的回访调查或收集用户的意见得到的产品质量信息。

(2)企业内部的质量反馈　这是属于内部信息。它是通过各种原材料、半成品的验收记录、试验记录,工时利用、材料与资金消耗的原始记录,施工操作记录,隐藏工程记录,分部、分项工程验收记录等,所搜集到的有关工程质量的信息。

(3)从国内外同行业搜集的有关质量信息　它反映出质量发展的新水平、新技术和发展趋势。

质量信息工作必须做到准确、及时、全面和系统,这样才能更好地为质量管理服务。

4)建立质量责任制

质量责任制是把质量管理各个方面的质量要求落实到每个部门、每个工作岗位,把与质量有关的各项工作都组织起来,形成一个严密的质量管理工作体系。

完整的质量管理工作体系在组织上要合理,在规章制度上要健全,在责任制度上要严密,三者缺一不可。

5)开展质量教育,加强技术培训

统计质量管理的中心是数据,而全面质量管理(TQC)的中心是人。全面质量管理认为人的质量观念比什么都重要。

要培养人的质量意识,确立质量第一的理念,就要对员工进行质量教育。质量教育是全面质量管理的基础。质量教育的主要内容包括培养质量意识和学习质量管理方法,随着不同时期的产品、任务和客观变化情况而变化教育内容。质量教育的对象首先是各级领导,其次是全体职工。质量教育的步骤是由初级到高级,长期、反复地进行。

10.2.2 园林苗圃的数量管理

园林苗圃数量管理的目的是在一定的建设时期内,以较少的投入获取一定的产出,或在较短的时期内,以一定的投入获取较高的产出。要搞好园林苗圃的数量管理,必须对人、财、物进行合理、适当的调度,制定可行的定额和科学的工程进度。

1)调度

调度是指为了一定的目的组织安排可支配的人力、物力、财力及处理相关事宜的一项工作。对于不存在分工和时间密切相关的简单行为,可用简单的指令而不用调度。园林苗圃的生产、施工、养护各环节工序复杂繁多,对调度工作带来很大的难度,有时只能随机应变或现场指挥。对工作头绪较多、时间要求严格的园林工作进行调度时,可采用网络计划技术,即通过绘制网络图或横道图的方式进行统筹规划。

(1)网络图 是一种图解模型,形状如同网络,故称为网络图。网络图是由作业、事件和路线3个因素组成的。在园林苗圃中,网络图是由表示工序的箭线,把表示工序开始时间及结束时间的节点连接起来所构成的图形。网络图的绘制规则如下:

①只有一个源点和一个汇点。

②任何一对相邻的节点之间只有一条箭线。

③没有循环回路,即没有首尾相接的箭线将若干节点连接起来。

④没有曲线、交叉线和倒回箭线。

⑤可以使用表示不含工序、不耗时间的虚箭线。

使用网络图可以清晰地显示各工序的先后关系和平行关系,以及若干工序同时制约后一工序的关系。网络图明显显示了有关建设项目的总工期、关键工序和机动时间,帮助调度人员争取最优的调度方案。

(2)横道图 横道图是园林工程施工中常用的工程总进度控制性计划表达方式。它能比较直观、合理地确定每个独立交工系统及单项工程控制工期,并使它们相互之间最大限度地进行衔接。横道图中的工作会按逻辑关系的先后顺序从上到下排列。横道图的显示状态如图10.4所示。

在园林建设中,实施过细的分工难度很大,也不科学,因为花草树木都是有生命的植物,不可能像其他工业原料一样事先储备,以供流水作业。因此,对于工序分解不宜过细,以留出机动的余地。对网络图和横道图中每一个工序所用时间的估算,是关键的环节。它要依赖于管理者对生产施工单位自身人员素质、数量、经验、设备配套能力以及施工地的配套条件、经济文化背景有充分的了解,并对各工序的人员进行定额管理。定额就是在一定的工作时间内完成的一定的有效生产量。定额的制订应以大多数员工能达到或超过,同时又能充分发挥工具、设备的潜

编号	工作名称	工期	开始日期	结束日期	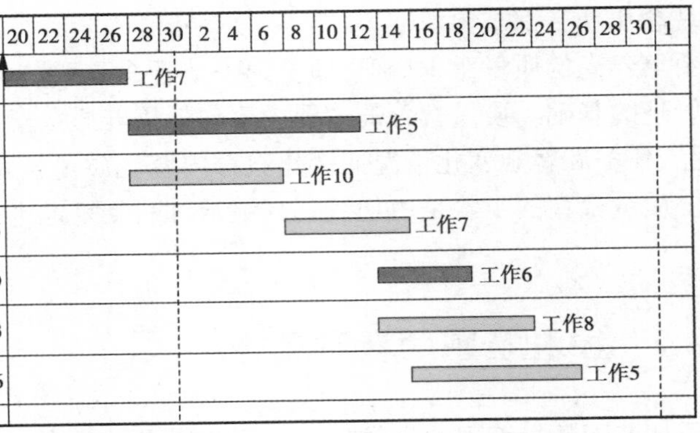 20 22 24 26 28 30	2 4 6 8 10 12 14 16 18 20 22 24 26 28 30 1
1	工作7	8	2006-11-20	2006-11-27	▰▰ 工作7	
2	工作5	11	2006-11-28	2006-12-12		▰▰▰ 工作5
3	工作10	10	2006-11-28	2006-12-07		▰▰ 工作10
4	工作7	8	2006-12-08	2006-12-15		▰▰ 工作7
5	工作6	7	2006-12-13	2006-12-19		▰▰ 工作6
6	工作8	11	2006-12-13	2006-12-23		▰▰▰ 工作8
7	工作5	11	2006-12-16	2006-12-26		▰▰▰ 工作5

图 10.4　园林绿化横道计划示意图

力为宜。由于定额的管理涉及相当具体的操作行为,所以还与人类行为的动机、外界环境刺激以及相互协调程度等因素有关。

2）定额时间

定额时间除包括直接实现操作过程的"作业时间"之外,还应包括相关的结束和准备时间,以及中间休息、餐饮等时间。但就整个定额时间的组成来看,"作业时间"占有绝对大的比重,因而确定"作业时间"是定额管理的关键。确定"作业时间"应对若干测定对象测定若干次,一般应在上班后、收工前及二者之间各测一次,同时选定数名先进、落后和一般的生产者测出平均值。对于较难分解和测定"作业时间"的工序,如整地、栽植花草树木、树木的整形与修剪等,常根据经验来估算,以确定时间定额。这需要定额编制者在该项工序上具有丰富的实践经验,这也可通过"试工"来加以确定。如需"试工",可以将其作为一个工序纳入调度计划,并绘入网络图或横道图中。

另外,由于园林苗圃建设与生产、园林施工等多在露天条件下进行手工操作或半机械化作业,受风霜雨雪、土壤结构、地形地势等因素影响很大,常常难以制订出准确的定额,因此提高劳动生产率的主要措施,常是以承包责任制或目标管理为主。无论实施标准化定额制还是承包定额制,都可能因为执行过程中的条件变化而出现误差,因而,还必须对园林建设的实际进度进行有效管理。对关键工序,应定期检查进展情况,如实际进度没能达到计划进度,应及时采取补救措施,如增加施工人员、机械设备,对原方案进行修订或制订新的施工方案等。能否有效实施进度管理,取决于管理人员具备实践能力和应变能力的强弱。应变能力的培养不仅取决于管理人员的实际经验,同时取决于管理人员的知识背景、心理定势及智力素质。优秀的管理人员,应具备管理的实践经验,又善于通过对事实的比较,来恰如其分地进行"集群建类"和"归纳分析",找出事物间的类同点与差异之处。

10.2.3　园林苗圃的物质管理

园林苗圃的物质管理,是园林苗圃经济管理中,对生产苗圃所需生产资料的管理和对苗圃所生产出的产品的管理。生产资料的管理包括所需物资计划的制订、采购、储备和取用几个环节,而产品的管理则包括储备、包装、定价、流通、售后服务和信息反馈等环节。由于园林苗圃生产的季节性,导致了物资消耗的季节性。因此,农业企业的物力资源管理较之工业企业,更具有复杂性和特殊性。

1) 生产资料的管理

(1)编制物资供应计划　在园林苗圃中对于大的物质需求,一般在年初都要制订计划,并详明列出所需物质的品种、数量、规格、期限、使用日期及最迟到货日期等,以保证企业生产的正常运转。物资供应计划是计划期内企业对各种物资所需数量和供应量,以及二者间平衡的一种安排,它通常用"物资平衡表"(见表10.1)和"物资采购供应计划表"(见表10.2)来反映。

表 10.1　物资平衡表

序号	物资种类	规格	计量单位	需要量				供应量				平衡量		备注
				生产	基建	期末库存	合计	期初库存	自产	采购	合计	余(+)	缺(-)	

表 10.2　物资采购供应计划表

序号	物资名称	规格质量	计量单位	数量	单价	金额	各季度需要量				备注
							1	2	3	4	

在物资供应计划所列的各项指标中,最重要的是"需要量"的测算。物资需要量的测算可用直接计算法来计算,它是直接根据物资消耗定额和生产任务,计算物资需要量的一种方法。计算公式为:

$$某种物资需要量 = 物资需要量 × 物资消耗定额 × (1 + 物资损耗率)$$

(2)采购　物质采购可采用定点协作供应、物质部门合同供应、市场供应等形式。近几年来,大型国营苗圃的大宗物质采购,有时采用"政府统一采购"的形式来实现。除此之外,则多采用协作供应与合同供应的形式。小型、小额物质则常采用市场供应的形式来完成。对于临时需要的小型物品,可以根据具体情况补充采购。

(3)物资库存管理　做好物资库存管理,要求科学地制定物资储备定额,建立和健全物资的入库、保管、出库、盘点和核算管理制度,防止物资的损坏、变质,最大限度地减少库存损耗,从而提高物资周转速度。

(4)物资使用　要求做好物资的计划平衡,制订合理的物资消耗定额,搞好物资调度和物资综合利用,降低单位产品的物资消耗,从而提高物资的使用效率。

2）产品的管理

（1）园林苗圃产品的储存管理　是园林苗圃物质管理的重要组成部分。园林苗圃除生产与其他行业相同的没生命的"死产品"之外，还生产许多有生命的"活产品"，如园林苗木、插穗、接穗、果品等。因而在园林苗圃产品储存中，要保持活产品的生命力和新鲜度，就要采用相应的技术措施，同时将在储存中发现的问题及时反馈到生产和科研部门，以改进生产和储存工艺。

（2）包装管理　既可以防止产品"变质"或"受损"，又可便于运输、销售和消费。好的包装设计具有良好的广告效应，能提高产品的竞争力。

3）园林苗圃的设备管理

设备是苗圃进行生产经营活动的物质基础，是固定资产的重要组成部分。随着苗圃现代化的进程，苗圃采用的先进设备越来越多，故设备管理越来越重要。

在园林苗圃建设、生产、施工中需要各种各样的机械设备，如浇水车、耕作机械、割灌机、草坪修剪机、草坪切根疏理机、草坪打孔机等。对设备安装调试，要由专业技术人员，按照设备说明书载明的各项功能逐一检查调试，看是否达到要求。使设备高效运行，是降低无效消耗，发挥设备潜力的有效途径。如果盲目追求大型设备和先进机械，而不能使设备高效运行，设备潜力不能很好发挥，必然降低经济效益。在设备的使用过程中要杜绝超载、超负荷运行，制订相应的安全规程，避免事故发生，确保操作人员的人身安全和设备的运行安全。同时，要加强设备的维修与保养工作，并定期检修，排除隐患。

10.2.4　园林苗圃的财务管理

园林苗圃的财务管理是指园林苗圃企业为实现良好的经济效益，在组织企业的财务活动、处理财务关系过程中，所进行的科学预测、决策、计划、控制、协调、核算、分析和考核等一系列管理工作的总称。其实质是对园林苗圃企业资金运行的管理，即对企业资金的筹集与获得、运用与耗费、回收与分配所进行的管理。它是一项综合性很强的管理工作，是企业管理的重要组成部分。企业加强财务管理，对于进一步完善经济责任制，巩固经济核算，提高经营管理水平，减少资本金的占用和人力、物力的消耗，降低成本，增加企业赢利等有着十分重要的作用。财务管理的主要内容有：预算、收入、支出、决算、监督五项内容。

1）园林苗圃的预算管理

预算管理对象是相对独立的经济实体对于未来年度（或若干年）的收入和支出所列出的尽可能完整、准确的数据构成。园林苗圃企业具有公共性和法人性。通常介于企业单位与事业单位之间，其预算支出主要有工资、物资、管理费用等。对于没有经常性收入的园林单位，如城市绿化单位，其预算管理是全额式的，即所需预算支出全部由上级主管部门下拨，而其所取得的各种收入也全部上缴。对于有经常性业务收入的单位，如公园、动物园、游乐园等，预算管理可以实行差额式的，即单位预算中一部分支出由本单位自己的收入来支付，大于收入的支出部分由上级预算拨款来支付，而大于支出的收入要上缴，作为其上级单位的预算收入。对于苗圃、花圃、花木公司等单位，其产品或服务受需求影响而周转较快，盈亏幅度也受经营水平影响而起伏较大，因而对这类企业多实行企业化管理，即预算收入全部来自单位自身的收入、集资或贷款，不含上级财政的预算拨款;同时预算支出也由其预算收入来支付。

2)园林苗圃的收入管理

重点是对园林苗圃企业在经营过程中所获得的收入及出售产品、对外施工或提供服务所获得的收入的管理。收入管理的主要措施是建立、完善票据制度,对每一项收入都应出具相应的票据,如果收入与出具的票据不等值,就要追查原因,堵塞漏洞。票据本身应连续编号,要防止伪造和涂改。

3)园林苗圃的支出管理

支出管理的主要措施也与收入管理相似,即每一项支出都要有对方收款人的签章。除稳定性的支出(如工资)外,还要有票据等凭证,票据上要有自方主管人签章和付款人签章。支出汇总后与财务依据相符。支出管理人员要熟练掌握重要的开支标准,如差旅费报销标准、现金支付标准等,都要按照国家和地方制定的标准严格执行。支出管理人员有权拒绝支付违反财务规定的资金,同时有义务向行政、业务部门提出建设性的"节流"建议和举报有关财务违纪违法行为。

园林苗圃养护管理支出项目主要有:员工工资及福利补贴、环卫费、引种费、苗木费、水电费、肥料费、维修费、工具材料费、机械费以及其他费用。将这些项目按劳动定额及物资消耗定额等加以汇总,可制订出"经常养护支出定额"。一般情况下,苗圃绿地的养护费按面积计算,而乔、灌木养护费用多以株或面积为单位计算。目前,全国或地方性的市政工程预算中都给出了相应的预算定额,在实际工作中可参照执行。

4)园林苗圃的决算管理

决算管理对象是相对独立的经济实体对于过去年度(或几年)的实际收入和支出所列出的完整、详尽、准确的数据构成。决算与预算的差异,源于实际收入、支出环节出现的各种条件变化以及预算外收支。决算结果比预算方案具有更强的实践性,可成为后续预算的重要参照。决算常采用决算表格的形式来表现,其中包括决算收支表、基本数字表、其他附表三类。

(1)决算收支表　有收支总表、收入明细表、支出明细表、分级分区表、年终资金活动表、拨入经费增减情况表等。

(2)基本数字表　是以机构、人员为主要项目列出的开支统计表。

(3)其他附表　是对本单位内部的不同组分所编制的收支决算表,如医疗支出、保险支出等。

决算完成后,一般要编写决算说明书,用文字将表内情况加以概括,分析成败得失,总结经验教训,提出改进意见等。

季度收支计划,是介于预算与决算之间的计划形式,即对上一季度的收支情况逐项核算,及时扬长避短,争取全年平衡。这对受季节影响较强的园林苗圃来说,是尤其必要的。

5)园林苗圃的财务监督管理

园林苗圃应建立、完善的财务监督管理制度,通过对财务的监督,堵塞财务漏洞,打击违法违纪行为,促进货币的正常周转。财务监督的主要方式是定期清点对账,检查每一笔资金流动是否都有据可依、有人可证、有档可查。

园林苗圃可以通过审计机构对财务进行监督或审查。审计机构具有独立性、公正性和权威性。审计的主要内容是:审查会计资料的正确性和真实性;审查计划和预算的制订与执行、经济事项的合法性与合理性,揭露经济违法乱纪行为;检查财务机构内部监控制度的建立和执行情况。

10.3　园林苗圃的市场风险评价

园林苗圃经营活动和其他领域的经营活动一样,同样存在着经济风险。只有对其进行科学的预测和分析,有效地规避这些可能存在的经济风险,才能使园林苗圃产生更大的经济效益、社会效益和环境效益。

10.3.1　经济风险的构成与特征

1)经济风险的构成

经济风险由3个基本要素构成,即:风险成本、风险选择和风险障碍。

(1)风险成本　是投入冒险的一种成本,它既可以是经济形态的,如资金、固定资产、物品等,亦可是社会形态的,如时间、生命、利益和声誉等。在风险成本中,以货币或财物形式表现的风险成本是一种直接成本,可以进行计量和测算;而其他形式的成本则是一种间接成本,往往无法计量,甚至无法进行估算,如生命和声誉的损失是无法用货币进行衡量的。

(2)风险选择　是指在选择的时点上,无论所选择的方向、目标还是方式和手段等方面,都不存在风险障碍。在这里要特别强调指出,在选择时如果没有意识到或没有预测到风险障碍的存在,但实际上仍然存在,这也是一种风险选择。如果在选择的时候没有风险,但后来形成了风险障碍,这时作为选择的主体就需要进行重新选择,亦即再选择。如企业重新改变经营方向,重新确定目标,或调整经营和管理手段,以避开风险障碍。当然,也可以不做任何的改变和调整,迎着风险经营,这也是一种重新风险选择。经济活动和经济管理过程本身就是一个不断选择的过程,同时也是一个不断决策的过程。

(3)风险障碍　是指在人们做出风险选择时,客观上存在着的对投入成本形成某种威胁的潜在因素。这些因素可以是自然因素(如地震、水灾、瘟疫等),也可以是社会因素(如战争、经济政策、人际关系等)。

上述三要素的结合构成了现实的经济风险。三要素之所以互相联结和产生组合,一个基本前提是这三者必须同时处于同一个系统之中,只有这样才能形成现实的经济风险。

经济风险是对经济利益所形成的某种威胁,而这种威胁能否造成损害经济利益的后果,则取决于经济风险是否能实现。所谓风险实现,是指风险障碍由潜在的形式变成了现实的形式,经济风险由一种可能性、概然性变成了客观现实。每一种经济风险的归宿无非有两种可能:风险实现和风险异变或消失。

2)经济风险的特征

经济风险有3个特征,即选择性、可测算性和动态性。

(1)经济风险具有选择性　在社会经济生活中到处都存在着风险障碍,但这些障碍是否能构成风险威胁,关键就在于人们的选择。甘愿冒险者一旦投入成本,就意味着选择了会出现风险障碍的行为方向和目标;而不愿承担风险者则远离和回避风险障碍,另寻安全的途径。选择性是经济风险的重要特征,即使人们在开始时做了风险选择,以后也还可以根据主观的判断与意志采取回避和退出风险的策略。因此,既要看到经济风险的偶然性、客观性和不可抗性,又要看到其可选择性。

（2）经济风险具有可测算性　其一是指构成风险要素的风险障碍形成发生的概率,亦即风险实现的概率,是可以进行测量的。如5年、10年之内某一地区出现水灾或旱情的概率,可以根据过去的经验、水文、气象资料做出分析并进行预先测算。其二是指风险障碍对于风险成本的损害程度是可以进行测算的。其三是指风险成本自身的大小是可以进行测算的。上述3个方面决定着风险程度,因而,风险程度也是可以测算的。对于风险的测算总是带有一种趋势性和概然性的色彩,很难做到非常精确。因为其中许多因素属不可控因素,并且在不断发展变化之中,而有些经济利益的损害又是难以用数量单位进行显示的。

（3）经济风险具有动态性　经济风险形成之后并非一成不变,而是始终处于一种动态的变化之中,因为经济风险的三要素都是可变的。

10.3.2　经济风险的来源

经济风险的来源从大的方面来讲只有两方面:一个是我们赖以生存的大自然,另一个则是我们人类自己。

1）自然风险

大自然既是人类的朋友又是人类的天敌,它给予了我们生存的空间和条件,又不断地制造各种灾难,如地震、水灾、风灾、虫灾、旱涝灾害等,给人们的经济财产和生命安全带来巨大的损失。与此同时,人类也不断地为自己生产出各种"人造的自然风险障碍",如对森林的乱砍滥伐,破坏湿地、围湖造田、过度放牧、破坏草原,以及对空气、水源的严重污染等,都进一步地加重了自然风险的程度。自然风险虽具有较大的破坏力,但绝不是说人们就没有选择的余地,随着科技进步和生产力的发展,人类对自然界的认识能力和控制能力将日益提高,对自然风险的选择余地将越来越大。

自然风险具有如下特征:

（1）自然风险中障碍要素的形成具有不可控性　自然风险中障碍要素就是自然灾害。自然灾害的发生是自然规律发生作用的结果,具有不可控性。

（2）自然风险中障碍要素的形成具有周期性　自然界本身的运动具有一定的规律性,具有不可控性,而在这些规律下所出现的自然灾害就具有周期性的特点。

（3）自然风险引起的后果具有共沾性　由于自然风险一般具有较大的覆盖面,其风险一旦实现,后果所及远不止某个人或某个企业,往往要涉及一个地区、一个国家,甚至具有世界性。

2）社会风险

由社会因素构成某种风险障碍,从而形成的经济风险,叫社会风险。人类社会是经济风险的第二发源地。战争、动乱、抢劫、偷盗、欺诈、毁约等,会对人们的经济利益和生命财产构成直接的伤害;国家的经济战略、政策、法律及管理体制、方式、措施等方面的变化,也会对经济风险成本形成间接的威胁;而国家间、企业间及人与人之间的社会经济利益的冲突和矛盾,人们的信仰、观念、习俗、生活方式和行为方式的变化,都会构成某种无形的风险障碍。

社会风险具有如下特征:

(1)人文性 源于社会的经济风险,其赖以构成的3个要素都是以人为主体或通过人的行为而形成的。风险成本是由人投入的,风险选择是由人做出的,风险障碍也是人的思想、观念和行为作用的结果。

(2)领域性 源于社会的经济风险具有比较明显的领域性。这种领域性包括特定的空间领域、特定的时间领域、特定的经济领域、特定的社会领域。经济风险的这种领域性构成了它自身的广度、深度和时度。其广度就是它的地域性,亦即经济风险的覆盖面。其深度就是它的社会与经济的层次性,它表示风险纵向辐射半径的大小。其时度是指经济风险的有效时间,即从投入风险成本和做出风险选择起,至风险实现或风险消失时为止的周期时间。

(3)综合性 源于社会的经济风险的综合性特征,主要体现在风险障碍的形成上。其风险障碍不仅包括经济因素,还包括政治、军事、法律、习俗、观念等诸多因素。每种风险障碍的形成,都是由这些因素交互作用的结果。

3)市场风险

市场风险是指经济风险是由市场因素引起的。市场因素是社会因素的一部分,具有明显的社会性质。但社会经济风险不一定就是市场风险,而市场风险则一定是社会经济风险。

(1)从宏观上讲,市场风险障碍的形成主要取决于如下因素:

①市场供求形势:市场供求形势主要指供给与需求之间的比例与适应关系及其发展趋势。如果供给与需求严重失调或有不断恶化的趋势,将成为市场中所有供应者与消费者的风险障碍。供求失调的程度越严重,市场风险威胁越大。

②市场性质:市场性质是指由生产者和消费者的市场地位和作用所决定的市场竞争状态。在完全竞争市场中,生产者之间、消费者之间以及生产者与消费者之间都有平等的经济权利,在风险选择、风险调整和市场竞争方面具有充分的自由,因而风险的威胁较低。在完全垄断市场,垄断者不存在市场风险,而作为消费者则会面临种种垄断所带来的风险,而对试图进入这一市场的中小企业来说也具有较大威胁。

③市场竞争:在现代经济生活中,完全竞争市场已不复存在,完全垄断也很难找到,而大量存在的主要是垄断性竞争市场,并呈垄断因素减少、竞争因素增长的趋势。竞争越激烈、竞争规模越大或采取不正当的竞争方式,都会增加市场竞争风险。

④市场结构:市场结构是指宏观市场中,各种不同性质、不同类型的要素市场,在规模、容量、发育程度及行为方式等方面所形成的某种比例关系、协调关系和制约关系。如各要素市场(物资市场、资金市场、技术市场、劳动力市场、信息市场等)在规模上不相对称,就无法实现资源的合理配置和有机结合;各要素市场的容量不相协调,就会导致资源或产品成本的提高;市场发育不健全,就会出现市场缺位;各市场要素的行为方式不统一、不规范,经营者都将面临着相应的风险。

⑤市场开放度:市场开放度一是指市场开放的广度,即市场开放的地域范围和领域范围;二是指市场开放的深度,即市场行为选择的自由度。一般来说,市场开放度越大,市场风险发生的频率、程度和总数就越大。但随着市场开放向纵深发展,增加了企业和国家的市场行为能力和市场

选择的自由度,因而也为其回避风险、分散风险和抑制风险提供了更大的回旋余地。

⑥市场秩序:市场秩序是人们按着某种法律规范、经济和行政管理的规章制度进行经济活动所形成的一种市场行为状态。混乱的市场秩序,会使市场上的经济行为主体无法处于一种平等的竞争地位,降低了市场的透明度和市场行为的可控性。

上述6个方面都可能成为导致市场风险的障碍。当然,这种风险障碍只有同成本投入与风险选择结合在一起,才能构成现实的市场风险。

(2)从微观上讲,企业经营活动又面临着如下风险挑战:

①投资风险:投资是企业经营行为的起点,而投资选择是企业首先要面临的风险考验。如果企业在投资选择上发生重大失误,将来的一切经营努力都将无济于事。

②技术风险:一个现代企业,其生产与经营、生存与发展,都与企业的技术水平息息相关。企业在技术方面遇到的风险是企业经营管理风险的重要方面。

③生产风险:生产是企业的主体活动,是企业经营的基础和先决条件。生产风险集中体现在成本的风险、质量的风险和劳动生产率的风险等因素。

④销售风险:销售是企业经营活动的最后一个环节,也是至关重要的环节。销售风险主要由销售环境的风险、消费需求的风险和销售策略的风险等因素所引起的。

⑤竞争风险:竞争是企业经营在市场上所面临的最现实的、最经常的和多方面的挑战。竞争风险主要由竞争环境的风险、竞争实力的风险、竞争成本的风险、竞争策略的风险和竞争意识的风险等因素所引起的。

⑥信誉风险:对于企业经营来说,信誉不仅是一种荣誉,也是一种资源和财富,是企业价值与发展潜力的体现。信誉来自产品质量、价格、外观、信守合同、遵纪守法以及多做善事等各个方面。

10.3.3　园林苗圃市场风险的规避策略

任何企业都不愿受到风险的威胁,更不愿承受风险损失。但在风险环境中经营,企业的选择几乎都是某种风险选择。因此,企业所能做到的只能是积极防范,采取相应的策略,尽量地降低风险系数,最大限度地减少风险损失。

1)风险适应策略

风险适应策略是指企业以其自身特定的经营方式和经营特点,尽量地去适应风险环境,并根据风险的变动趋势相应地调节企业行为。这是一种以风险为中心的策略,企业各种规划、设计与行为方式的出发点都着眼于防范风险和适应风险。企业通过强化自身的灵活性、适应性和可塑性,巧妙地与风险"周旋",在风险的威胁下生存,在风险的缝隙中发展。

为了适应企业经营将会遇到的风险,企业在管理体制的设计上可不拘一格,不强调固定的模式;在企业规模上,亦大则大,亦小则小;在投资方式上,不期望长线投资、一本万利,应具有灵活性、伸缩性;在经营目标上,不把经营目标看成一成不变的,而是根据风险环境的变化和形势的发展,随时对经营目标进行修改和校正,以保持其自身对风险的适应性;在产品质量上,不追求极端的质量,使质量达到消费要求,又比竞争对手略高一筹即可。

2）风险抑制策略

风险抑制策略是指企业采取各种有效的方式和措施，以抑制风险障碍的发生、异变，或风险扩散和连锁反应。这种策略并不回避风险选择，也不轻易改变经营方向和经营目标，而是侧重风险防范、风险弱化和风险抑制。

3）风险分散策略

风险分散是指在风险环境既定、风险威胁既定和经营目标既定的情况下，将企业经营的总体风险分散和转移到各个局部，从而降低整体风险实现的概率，减少风险的损害程度，提高企业经营的保险系数。

4）风险回避策略

企业经营是在市场环境下展开的，而市场是充满风险的，也可以说，市场环境同时也是一种风险环境。这里讲的回避风险是一个相对的概念，要想完全、绝对地回避风险是不可能的。企业在经营中可以采用以下一些策略来回避风险：

（1）无风险选择　指企业对已经预测到和已经意识到的风险障碍，采取完全回避的态度，而转向主观上认为没有风险威胁的经营方向或经营方式。

（2）弱风险选择　指风险的覆盖面较小，或损害程度较轻，或实现的概率较低的状态。弱风险选择可以不改变经营方向和经营的基本目标，但可变换不同的经营方式和经营策略，也可减少风险成本的投入和改变风险成本的投入方式。它既可以回避较大风险，亦可追求一定的风险利益。

（3）异质风险选择　指企业对不同方向、不同性质的风险进行的选择。通过选择或回避某些风险，从而利用有利的经营形势并回避不利的经营形势。

本章小结

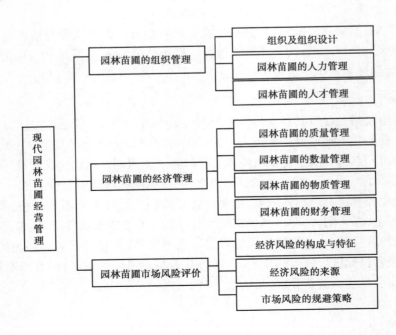

复习思考题

一、填空题

1. 园林苗圃组织设计原则有_____、_____、_____、_____。

2. 人力资源管理，具体包括_____和_____两个方面。

3. 人才管理的目的是掌握本企业人才成长发展的规律，做到_____、_____。

4. 园林苗圃生产的质量管理包括4个环节，即_____、_____、_____、_____。

5. 园林苗圃市场风险的规避策略有_____、_____、_____。

二、单项选择题

1. 下列哪种组织结构适用于产品单一、工艺简单、规模较小的企业？（　　　）

A. 直线结构　　　　　B. 直线职能结构　　　C. 事业部结构　　　　D. 矩阵结构

2. （　　　）管理原则是"集中政策，分散经营"。

A. 直线制　　　　　　B. 职能制　　　　　　C. 超事业部制　　　　D. 事业部制

3. 管理的首要职能是（　　　）。

A. 决策　　　　　　　B. 领导　　　　　　　C. 组织　　　　　　　D. 计划

4. 确定（　　　）是定额管理的关键。

A. 作业时间　　　　　B. 准备时间　　　　　C. 中间休息时间　　　D. 餐饮时间

5. （　　　）是企业经营思想的中心。

A. 市场观念　　　　　B. 竞争观念　　　　　C. 效益观念　　　　　D. 战略观念

三、多项选择题

1. 网络图是由（　　　）组成。

A. 资源　　　　　　　B. 作业　　　　　　　C. 事件　　　　　　　D. 路线

2. 与技能管理密切相关的人文变量主要是（　　　）。

A. 体质　　　　　　　B. 特长　　　　　　　C. 经验　　　　　　　D. 个人覆盖度

3. 园林苗圃产品的管理则包括（　　　）售后服务和信息反馈等环节。

A. 储备　　　　　　　B. 包装　　　　　　　C. 定价　　　　　　　D. 流通

4. 经济风险由（　　　）3个基本要素构成。

A. 风险成本　　　　　B. 风险意识　　　　　C. 风险选择　　　　　D. 风险障碍

5. 经济风险的特征有（　　　）。

A. 选择性　　　　　　B. 可预测性　　　　　C. 动态性　　　　　　D. 不可预测性

四、判断题

1. （　　　）园林苗圃的组织结构大多比较简单，较大型的国营苗圃一般采用直线制，而一些股份制的苗圃则多采用事业部制。

2. （　　　）事业部制的组织形式中，各事业部具有相对独立的经营权。

3. （　　　）一个操作人员所掌握的特长越多越精，其个人覆盖度就可能愈小。

4. （　　　）与技能管理相关的人文变量主要是：学历、资历、实绩、应变能力等。

5. （　　　）网络图是由表示工序的箭线，把表示工序开始时间及结束时间的节点连接起来所构成的图形。

6.（　　）横道图是园林工程施工中常用的工程总进度控制性计划表达方式。

7.（　　）园林苗圃的数量管理是园林苗圃经济管理中对生产苗圃所需生产资料的管理和苗圃所生产出的产品的管理。

8.（　　）园林苗圃产品的储存管理，是园林苗圃物质管理的重要组成部分。

9.（　　）社会经济风险不一定就是市场风险，而市场风险则一定是社会经济风险。

10.（　　）自然风险中障碍要素的形成具有不可控性。

五、分析题

调查某一园林苗圃企业经营管理现状，并分析其企业在人力、物质、财务和质量等管理方面的优势和存在的问题。

11 园林苗木的市场营销

【知识要点】

本章介绍了市场营销的基本任务和基本观点，重点介绍了园林苗木的市场营销策略。在学习本章内容时，要以经济理论为基础，在理论学习领会的基础上，深入苗圃、参与苗圃的经营，并对苗木市场进行详细的调查研究，亲身感受苗圃经营的知识。

【学习目标】

1. 了解园林苗木市场营销的基本任务和基本观点；
2. 理解园林苗木产品消费环境分析；
3. 掌握园林苗木的市场营销策略及市场营销策划。

市场营销是企业通过一系列手段，来满足现实消费者和潜在消费者需求的过程。企业常采用的手段包括计划、产品、定价、确定渠道、促销活动、提供服务等。市场营销是市场需求与企业经营活动的纽带与桥梁。

园林苗木是园林苗圃的主要产品。在计划经济时期，园林苗圃中生产出的园林苗木产品多是按国家计划进行的，不需考虑产品销路问题。随着社会主义市场经济体制的建立和不断完善，我国经济持续、快速发展，城市绿化力度加强，苗木需求急剧上升，园林苗圃企业的数量也急剧增加，规模越来越大，生产出的苗木无论是数量还是品种都出现空前的繁荣。这导致市场竞争越来越激烈，市场营销成为决定园林苗圃企业生存和发展的大问题。

11.1　市场营销的基本任务和基本观点

11.1.1　市场营销的基本任务

1）为企业经营决策提供信息依据

经营决策是企业确定经营目标,并从两个以上实现目标的可行性方案中选择一个最优的或最满意的方案的过程。经营决策要解决企业的发展方向,是企业经营管理的中心,其依据来自于市场信息,因为市场营销直接接触市场,有掌握市场信息的方便条件。

2）占领和开辟市场

对企业来说,市场是企业生存和发展的空间,有市场的企业才有生命力。市场营销的实质内容是争夺市场。

3）传播企业理念

一个长盛不衰的企业,必定有它坚定的信仰,将这种信仰概括成基本信条,作为指导企业各种行为的准则,这就是理念。理念演化为企业形象,良好的企业形象会为企业带来巨大的效益。营销活动最直接地塑造着企业的形象,传播企业的理念。

11.1.2　市场营销的基本观点

1）市场观点

市场是企业生存的空间,对企业来讲,市场比金钱更重要,市场营销的根本是抓住市场。市场营销就要随着消费者需求的变化,不断地调整自我、发展自我,要求企业在满足需求的同时,还必须预见需求,引导需求,激发和拓宽需求。

2）竞争观点

竞争是与市场经济相联系而存在的客观现象,只要企业存在着独立的经济利益,相互间的竞争就是不可避免的。营销中不要消极地去看待竞争,而把其看成动力、看成条件、看成机会,主动参与竞争,以取得"水涨船高"的效果。

3）赢利观点

赢利即赚钱,是市场营销无须回避的问题。市场营销所实现的赢利,应是一种合理的报酬,应是企业获利、顾客受益的"双赢"局面。

4）信息观点

当今已进入信息时代,企业对"信息"的占有甚至比"物质"的占有更重要。掌握了信息,才能有市场、有资源、有效益。市场营销要注意收集、善于分析信息,为企业的重大决策提供依据。

5）时间观点

在市场营销中强调时间观点，要把握好时机，抢先一步，创造第一。

6）创造观点

人的消费是不断地由低向高、由物质向精神发展的。市场营销肩负引导消费、刺激需求、创造市场的任务，使潜在消费变成现实。

7）发展观点

市场营销要着眼于未来去发现机会，要敏锐地意识到未来可能出现的风险，不满足现在的成功，去把握明天的机会。

8）综合观点

市场营销中要特别重视各个方面的相互联系，不苛求一时一事的成败，而要确保全局的成功。讲求合作，互惠互利，才能最大限度地发挥自有资源的效能。

9）广开资源观点

在市场营销中可供运筹的资源越多，就越易在竞争中保持优势地位。既要看到硬性资源，又要看到软性资源；既要看到有形资源，又要看到无形资源；既要看到物质性资源，又要看到精神性资源。这些资源一旦在市场营销中被调动起来，不但能转化为现实的经济效益，而且能为企业的长远发展创造良好的条件。

10）绿色营销观点

绿色营销是指企业以环境保护为经营指导思想，以绿色文化为价值观念，以消费者的绿色消费为中心和出发点的营销观念、营销方式和营销策略。它要求企业在经营中贯彻自身利益、消费者利益和环境利益相结合的原则，强调企业在营销中要保持地球的生态环境，防止污染环境，充分利用有限的资源。

世界各国掀起了制订、实施"环境标志"标准，意在唤起消费者环保意识，形成"绿色消费观"。我国也开展了绿色产品的研究与开发、生产、销售及服务等"绿色营销"活动。不仅是营销部门，整个企业都应确立以可持续发展为目标的绿色营销观念，从园林苗木产品营销战略的制订到具体实施过程中都应始终贯彻"绿色"理念。

11.2　园林苗木产品消费环境分析

环境的最通俗概念是指周围情况和条件。将其进行科学的抽象，就是泛指某一事物生存发展的力量总和。在园林苗木的市场营销中，消费环境是指影响园林企业与其目标市场进行有效交易能力的所有行为者和力量。

园林苗圃的产品，即各类园林苗木、花卉、草坪、盆景等，最终都要像其他商品一样进行销售。生活在商品社会中的每一个人、每一个单位都是商品的消费者，他们又构成了产品销售的具体环境。虽然每一个消费者的购买目的和购买习惯各不相同，在不同条件下也会有很大差别，但在基本特征上仍存在着共同的规律。掌握这一规律，对产品的营销具有很大的帮助。

11.2.1　影响消费者购买的内在因素

我们知道,消费者在决定购买某种商品和服务的过程中,其自身的文化水平、职业特征以及他们所具有的各种心理特征都会发生重要的影响作用。

1)消费需要

消费需要是消费者感到某种缺乏而形成期待的心理紧张状态。消费需要促使消费者产生购买行动,进而解决或缓冲所感受到的缺乏。一般来说,人们总是先满足最基本的低级需要,再满足较高层次的需要。根据美国心理学家马斯洛的需要层次理论将其分成五类:

(1)生理需要　它是指人为了维持自身的生存而产生的需要。为满足生理需要而进行的购买,会产生求廉心理。生理需要是一种较低的需求,人们只有在吃饱穿暖以后,才会考虑去欣赏、去享受。在园林产品的营销中,对于这样的群体,首先考虑的应是为其推荐价廉物美的园林苗木产品。

(2)安全需要　它是指人从长远考虑,为了更好地生存所产生的需要。这种为满足生理或心理安全需要而进行的购买,会产生求实心理。在一些单位或个人的庭院中,栽植一些树篱、刺篱、花篱等,其一部分功能便是安全与防范需要。

(3)社会需要　人在生理和安全需要得到满足以后,就要从社会交往中体现生存的意义,产生社会需要。社会需要因为会产生要实现某种效果的强烈愿望,因而购买会产生求美心理。园林产品在人们友谊、沟通、爱情等社会交往中的作用日益明显,满足人们的社会需要,是园林产品很重要的功能。

(4)尊重需要　指人们为了使自己在社会上能引起周围人的注意,受人重视、羡慕所产生的需要。尊重需要所产生的购买会产生求奇心理,而容易接受较高的商品价格。高档的盆景、盆花往往是一些"款爷""官爷"和"白领"阶层购买的对象,就是出于尊重需要。

(5)自我实现需要　是指人们为了充分发挥自己的才能和实现自己的理想而产生的需要。这种需要会产生胜任感和成就感,往往不惜花重金来满足某种癖好。所以,为自我实现需要,购物会产生求癖心理。不少园林盆景爱好者,通过自己的创作造型,获得自己满意的"作品",就是自我实现需要的体现。

2)消费者个性

每个人都有影响其购买行为的独特个性,一个人的个性通常可用自信、控制欲、自主、顺从、交际、保守和适应等性格特征来加以描绘。调查发现,某些个性类型同产品或品牌选择之间关系密切。许多营销人员使用一种与个性有关的概念,那就是一个人的自我概念(或称自我形象)。

人的个性包括才能、气质、性格3个方面,从表现形式上可以分为下列几类:

(1)信誉型　这些人根据自己的消费经验,产生崇尚型购买倾向,在购买中满足自己的信赖感。其中有名牌信誉型、企业信誉型和营业信誉型等。园林苗木产业是新型产业,知名度高、信誉度好的企业还很少,名牌产品也不多。园林苗木企业只有依靠科技,狠抓特色,创造规模效益,才能树立信誉,创出品牌。

（2）习惯型 习惯型消费者的购买行为特点是喜欢根据过去的购买经验和使用习惯来选择商品。因某一类商品曾使购买者受益，消费者对此产生好感，形成条件反射，最后形成消费习惯。在园林苗木的营销过程中，要注重用良好的质量、适当的价格、优质的服务来面向市场、面向客户，让新客户对你的产品满意并形成消费习惯，等其成为"回头客"时，企业的销售业务就会得到稳步的发展。

（3）情感型 这种类型消费者的购买行为特点是带有浓厚的感情色彩，喜欢购买新产品，重视式样新颖、外形美观的商品；购买者易受销售者的情绪感染，强烈的要求受到尊重，在购买中把情感看得比商品本身更重要。目前，各企事业单位、政府机关对园林绿化都特别重视，但又具较大的随机性，"主观意志"强。在园林苗木的营销中，要用细致的工作、精彩的设计、优质的服务来打动决策者，从而为园林苗木的销售铺平道路。

（4）选购型 即在购买过程中，要多方比较，反复挑选，精打细算，理智重于情感。选购型是一种理智的购物形式，对于这样的"上帝"只有用过硬的产品质量、优惠的价格和周到的服务，才能打动其心。

（5）随机型 这种类型消费者的购买行为特点是购买的心理活动不稳定，选购商品时缺乏主见，犹豫不决；对商品没有固定的偏爱，一般是随便购买；他们并无预想的购买目的，只是根据自己的兴趣随意购买。随机型客户易受销售环境的影响，为之创造适宜的购物环境，使其产生购买兴趣，是产品营销的成功所在。

（6）冲动型 冲动型消费者的购买行为特点是极易受外界因素的影响，如商品的外观、式样、颜色、商标、广告宣传和推销人员等的影响；这类人的情绪完全受环境的支配，购买商品存在很大的盲目性；由于冲动而购买了某类产品，过后往往要后悔。对这类客户，事先要把产品的特点和功用，尤其是产品的适用范围和缺点，要逐一讲清楚。对较大的"买卖"，最好先签订一个合同，以使其"永不反悔"。

（7）执行型 本类型购买者在购买权限上受到限制，因其是奉命行事，故购买动机调整的可能性很小。对于这种"执行者"也千万不可小视，他们虽然没有买与不买的决定权，但他们却可以传递信息，从而影响决策者。记住，你敬人家一尺，人家就可能还你一丈。

每个类型的消费者的消费偏好是不同的，因此营销者应了解自己目标市场的消费者属于哪种（或哪些）类型，然后有针对性地开展营销活动。

11.2.2 影响消费者购买的外在因素

消费者生活在一定的社会环境中，其购买行为不但受到自身因素的影响，同时受到外部环境的影响。

1）家庭

家庭是一个基本消费决策单位，家庭是社会的细胞，家庭的状况直接影响着消费者的购买活动。人的价值观、审美观、爱好、习惯等多半是在家庭的影响下形成的。在购买决策的所有参与者中，家庭成员的影响最大。对购买决策影响的大小，不同类型的家庭和不同商品的购买其重视是不同的。社会学家根据家庭权威中心点的不同，把所有家庭分为4种类型，即各自做主型、丈夫支配型、妻子支配型和共同支配型等。

2）相关群体

当人们把某个群体的行为规范作为自己的标准和目标时，这个群体就成为相关群体。相关群体可以提供消费模式，提供信息评价，引起效仿的欲望，坚定消费者的信心，也可以产生"一致化"的压力，使人追逐潮流，促进消费。人们看到某些"名人"、大公司、机关等喜欢摆放某类"名贵"花木，便群起而效仿。从巴西木（香龙血树）、发财树（马拉巴栗）到金琥、开运竹等不一而足，这正是相关群体所起的作用。

3）社会阶层

社会阶层是社会学家根据职业、收入来源、教育水平、价值观和居住区域等对人们进行的一种社会分类，是按层次排列的、具有同质性和持久性的社会群体。社会等级的存在，必然引起消费的层次性和多样性。"物以类聚、人以群分"，不同阶层人的喜好与追求不尽相同，经商者乐买"发财树"，文人们喜欢文竹与梅花，从政者恐怕更偏爱牡丹、开运竹之类的花卉。

4）文化和亚文化

这里所说文化是指社会文化，也就是民族和社会的风俗、习惯、艺术、道德、宗教、信仰、法律等方面意识形态的总和。不同的审美观、价值观和民俗传统都会对消费产生很大影响，不同的民族、不同的宗教对园林产品的种类都有着不尽相同的喜好。

5）促销活动

通过促销活动使消费者频繁接触某些信息，对消费者的购买动机产生强烈的刺激作用，使其潜在的需求显现出来，变为现实需求。园林苗木产品的促销活动虽不像其他产品的促销那样普遍，但近几年来，也有很大的发展。1997 年和 2001 年两届中国花卉博览会暨花交会、1999 年世博会以及全国各地的花卉展览和交易会，在社会上造成了很大的声势，为园林花木产品起到了很好的促销作用。

11.3　园林苗木的市场营销策略

11.3.1　产品策略

1）产品的整体概念

（1）核心产品　是指产品整体概念最基本的层次，它是消费者需要的中心内容。即核心产品为消费者提供最基本的效用和利益，是消费者要真正购买的东西。这里不同种类和品种的园林苗木就是核心产品。

（2）形式产品　是指向市场上提供的产品形式，包括产品实体和借助有形产品提供的劳务。它是目标市场消费者对某一需求的特定满足形式。有形产品一般有 5 个标志：包装、品牌、品质、特征、形态。

（3）附加产品　指消费者在购买有形产品时所获得的全部附加利益的总和。一般情况下，是指各种售后服务，包括：提供信贷、送货、技术培训、园林苗木的养护管理等。

产品是核心，只有实实在在的好产品才会赢得顾客满意。在这样的条件下，应该加强产品

建设:

①立足地方,培育独特性苗木:做到人无我有、人有我优、人优我精,提高本土苗木的市场竞争力。

②调整苗木种植布局,优化产品结构:在调整结构布局上,首先,政府的参与和指导有很大的作用,可以通过经济扶持和立法规范园林苗木的生产;其次,农民要建立市场导向型生产模式,自行调整苗木产品结构。

③塑造产品品牌:品牌是一种产品在消费者心目中的印象,要在激烈的市场中有竞争优势,就必须有自己的品牌。品牌是建立在质量的基础之上的,我国许多苗木生产经营企业恰恰缺乏这种质量和品牌意识,只有通过树立品牌才可能占领市场。

2)园林苗木产品的加工

进行产品加工,既能更好地满足消费,又能因追加劳动而提高产品的价值。园林苗木生产企业应从单纯的生产,向生产、加工和销售一体化的方向发展,并从产品加工中获得经济效益,使产品更符合消费者的要求。

园林苗木产品的加工包括对产品的分级分类、整形整理、苗木的保鲜等。

3)园林苗木产品的包装

园林苗木生产企业在市场营销中,应把产品的包装、价格和促销,视为同等重要的营销策略。包装分为一次包装和运输包装。

一次包装是将产品直接装入容器的包装。如将苗木按批量捆扎成束,带垛苗木土球打包。

运输包装是为货物保管、标识和运输需要进行的包装。应根据各种产品而异,按运输要求进行筐装、袋装或箱装等包装。小型苗木的运输包装一般用特制的纸板箱,植株冠部用漏斗状的薄膜袋或纸袋由下而上套装,既可以保护枝叶、花朵,又便于装箱。远距离运输较大体量的盆栽苗木,多选用集装箱或半封闭的货车。车内架设多层搁板,或用木制的或定制的塑料周转箱在车内叠架,既能保护产品,又能充分利用运输工具。较大批量的盆栽苗木出口,为节省运输费用,多选用调温调湿集装箱运输,集装箱在码头待装待卸及运输途中都应接通电源,以保证商品的安全。

包装物外都应标明商品的种类、品种、规格、等次、数量、产地等。

11.3.2　价格策略

1)园林苗木产品价格构成

园林苗木生产企业在制定园林苗木产品价格时,要以价值为基础。计算公式如下:

$$园林苗木产品价格 = 生产成本 + 流通费用 + 税金 + 利润$$

其中,生产成本是价格构成中最重要组成部分;流通费用是流通领域制订商品价格的主要依据;利润是价格的另一组成部分,是企业积累的重要来源。

2)园林苗木产品定价方法

园林苗木产品定价关系到企业的经济效益,定价太低不能产生利润,定价太高又不产生需求。常用的定价方法有以下3种:

(1)成本附加定价法　成本附加定价法是以苗圃生产成本加上事先决定的利润作为价

格。即：

$$价格(元/株) = (固定成本 + 变动成本 + 期望利润) ÷ 产苗数量$$

其中，固定成本是指不随产苗数量、销售量的变化而变化的成本，如苗圃土地、机具设备折旧费等；变动成本是随产苗数量和销售量的增减而变化的成本，如原材料（种子、插穗、接穗、砧木、化肥、水电费等）、销售费用等，它一般与产苗量成正比例关系。

[例11.1]　某苗圃在一年内生产 100 000 株某品种苗木，固定成本 100 000 元，变动成本 100 000元，希望获得 100 000 元利润，则单株价格为：

$$(100\ 000 + 100\ 000 + 100\ 000)元 ÷ 100\ 000\ 株 = 3.0\ 元/株$$

成本附加法的优点是：容易计算，对苗圃有保障，适用于利润与苗木成本相关联，而非与苗木销售量没有影响，而且苗圃有能力去控制价格的情况。

（2）成本加成定价法　成本加成定价法是以苗圃生产成本加上某一利润加成作为价格。苗圃和苗木销售商最常采用此种方法。即

$$价格 = 苗木单株生产成本 ÷ (1 - 加成百分数)$$

[例11.2]　某苗木单株生产成本为 20 元，希望有 30% 的加成，则苗木单价为：

$$20\ 元/株 ÷ (1 - 30\%) = 28.57\ 元/株$$

此方法简单明了，不像根据苗木市场需求那样不易捉摸。此定价方法对苗圃或苗木中间商与购买者而言，均较为公平，苗圃或苗木中间商不需利用购买者需求强烈的时机提高价格，而仍可得到公平的投资报酬。

（3）通行价格定价法　通行价格定价法是竞争导向定价原则，是使本企业产品与市场主流产品的价格保持一致，企业可与竞争者和平共处，可避免激烈的竞争产生的风险。在通行的价格下，企业产品的价格可能与主要竞争者的产品价格相同，也可能高于或低于主要竞争者。小型苗圃一般采用此法定价，依据市场领先者的价格变动。

事实上，定价的高低会因需求和竞争而直接影响苗木的销售量，各种定价方法各有特点，各有利弊，企业应考虑各种因素选择采用。

3）园林苗木定价策略

（1）分级定价策略　首先，在园林苗木销售中可以对花卉进行分级，从园林苗木的质量和数量上区分价格。有些苗木是名花，具有很好的观赏价值和药用价值；有些是从国外引进的苗木，技术含量高，这些都可以实行高价策略。其次，在苗木的出售中可以通过包装的档次来定价，特别是作为礼仪性的花卉，更适用分级定价。

（2）服务性定价策略　即以在销售中服务量的多少来定价。例如有些苗木，特别是容器产品，在养植中需要一定技术性，需要技术性指导服务，可以适当高价。还有的可以根据时段服务来定价，园林苗木公司可以通过对园林植物的时段养护，来对服务定价。

（3）折扣与折让定价策略　折扣与折让，是为了鼓励顾客采取有利于公司的购买行动而对基础售价所做的调整。折扣一般包括现金折扣、数量折扣、功能折扣、季节折扣等形式。

11.3.3　渠道策略

园林苗木是否能及时销售出去，在相当程度上取决于营销渠道是否畅通。营销渠道的畅通

和高效,可以有效保证园林苗木供求关系的基本平衡,保护生产者和消费者的利益。因此,园林苗木营销渠道的选择策略,不仅要求保证产品及时到达目标市场,而且要求选择的销售渠道效率高,费用少,能取得最佳的经济效益。

园林苗圃的苗木产品销售主要有两种渠道:一种是园林苗圃直接卖给终端客户,另一种是通过中间商再转卖给终端客户。一般所指的中间商,是经销商,即从事商品经销的批发商、零售商和代理商。按其是否拥有苗木的所用权,分为苗木经销商和苗木代理商。

当前园林苗木主要的销售渠道有以下几种方式:

1)绿化工程公司

绿化工程公司是绿化工程的施工者,是苗木最终消费者,是苗圃的主要销售对象。各个地区都有许多的绿化工程公司,它们是苗木的最大销售渠道,苗圃可直接将苗木产品推销给绿化工程公司。

2)花卉苗木市场

花卉苗木市场是苗木生产者、经营者和消费者从事苗木交换活动的场所。花卉苗木市场的建立,可以促进苗木的生产和经营活动的发展,促使苗木生产逐步形成产、供、销一条龙的生产经营网络。

3)苗木网站

随着计算机的普及,可运用计算机信息技术、计算机网络作为平台,建立苗木销售网站。企业要注意收集、善于分析市场信息,可以实现跨地域苗木交易,开拓苗木销售渠道,形成网络销售。企业建立"网络销售体系",分阶段地建设好各种渠道,形成完整销售网络,使企业逐步走向成熟,提升企业的竞争力,不断扩大品牌的影响力,这是立足万变市场的重要保证。

4)苗圃

不同苗圃之间,存在对不同苗木品种、不同苗木规格的相互销售,这也是苗木销售的重要渠道。如大型苗圃在多年的发展中已建立了比较稳定、通畅的销售网络,并且大型苗圃的主打品种与小型苗圃有所区别,小型苗圃的苗木可以作为大型苗圃的补充。一般大型苗圃销售量中自产苗木占不到50%,其余苗木都是向其他苗圃采购。

5)苗木经销商

苗圃可将苗木产品卖给苗木经销商(如苗木经销公司),再由苗木经销商卖给终端客户(如城市园林绿化公司、企事业绿化用苗单位等)。

6)苗木代理商

苗圃可通过苗木代理商卖给终端客户,也可通过苗木代理商将苗木产品卖给苗木经销商,再由苗木经销商卖给终端客户。

7)订单销售

有特种用途的苗木,如外贸加工出口,可以订单方式委托苗圃生产,成苗后由委托单位或企业直接收回,实现销售。

11.3.4 促销策略

苗木促销是指运用各种方式和方法,向消费者传递苗木信息,实现苗木销售的活动过程。苗木促销首先要正确分析市场环境,应根据企业实力来确定促销形式。园林苗木促销策略主要有以下3种方法:

1)人员推销

所谓人员推销,是指苗圃的从业人员通过与购买者的人际接触来推销苗木的促销方法。苗圃派出推销人员直接到园林绿化实施单位,与其直接面谈业务,通过面谈向其介绍苗木种类、规格、价格,最后签订购销合约。该促销策略要求苗木推销人员具有较高的业务水平。如果苗圃规模小,产量少,资金不足,应以人员推销为主。

另外,苗圃可以设立苗木销售门市部,摆放苗木产品,介绍本苗圃生产的园林苗木种类、特色、交通、价格、售后服务等,帮助购买者决策,促销苗木产品。这也是一种人员推销形式。

2)广告宣传

利用电视、网络、广播、报纸等传媒发布苗木销售信息,提高苗圃的知名度,为苗木业务联系提供信息,促进销售。如果苗圃规模大,产量高,资金充足,则以广告宣传为主,人员推销为辅。

3)苗木展销

参加苗木展销会和交易会,散发苗木产品宣传单,树立苗圃形象,扩大苗圃知名度,为苗木业务联系提供信息,为销售苗木起到促销作用。

此外,苗木经营者之间可以建立苗木销售协会,充分利用可及的资源,采取合理的促销形式,以扩大苗木经营领域,拓展销售渠道,促进苗木的销售。

11.4 园林苗木市场的营销策划

所谓市场营销策划,是指通过企业巧妙的设计,制订出一定的策略,安排好推进的步骤,控制住每一个环节,实现企业的经营目标。营销策划不同于决策,也不同于建议和点子,其基本思路是将企业现有的经营要素按新的思路重新组合,从而实现新的经营目标。

11.4.1 成功策划的构成要点

1)目标

成功策划要设定明确的目标,并按目标要求展开全部经营活动。所立目标要具有战略性、明确性和方向性。

2)信息

信息是策划构想的依据。用于策划的信息有3种:

（1）别人不知而我们知道的信息。

（2）别人无法利用而我们能利用的信息。

（3）别人没有意识到而我们意识到的信息。

3）创意

创意是策划的灵魂,任何策划都起始于创意,没有创意根本谈不上策划。创意的水平决定着策划的质量。创意要经过3个阶段:深切体会,强烈渴求;思维启动,长期思索;触发事件,灵感产生。在创意的过程中要进行事件联想,弱化思维定势并进行视角转换,换一个角度思考问题。

4）控制

创意固然重要,但并不是每个创意最后都能实现并达到预计的效果。在获得创意的过程中,应忽略细节,但在落实创意时则要考虑周全,必须实事求是地对待实现创意的客观条件,充分估计所面临的障碍和困难,防范偶然因素出现所造成的干扰。

5）理念

营销策划不可追求短期效益,策划的形式千变万化,而始终要体现的是企业的理念,否则,就会偏离企业的正确发展方向,影响企业发展战略的实施。理念的内容包括企业战略目标、价值观念、行为准则和行为规范。营销策划作为企业的一种市场行为,必须要受到企业理念的约束,而只有体现了企业理念的策划才有价值。

11.4.2 成功营销策划

营销策划是营销智慧的结晶,策划没有固定的模式,但策划是有规律的,总结大量成功经验会有一些参考和借鉴价值。

1）在消费者心目中确立新的概念

随着营销向深层次发展和人的需要达到更高层次,购销产品就变成了一种载体,人们所追求的是通过购物而带来的精神满足。因此,营销绝不仅是在推销产品,而是在向消费者陈述某种理由,当消费者接受了这种理由,并形成了新的概念,同时与自己的某种需求联系起来时,就产生了购买动机。

2）提高营销策划的文化品位

人们的社会生活总是处在一定的文化氛围之中,社会越是进步,这种文化氛围越浓重。营销策划如能提高文化品位,就会使消费者在商品的使用价值之外获得某种精神上的享受。

3）尽量隐蔽商业动机

任何商业活动背后都会有赢利的动机,但一心只想赚钱的商业活动往往以失败而告终。营销者赢利的动机暴露得越充分,消费者就越会产生"不值"的感觉。把购物过程与享受过程结合在一起,能达到隐蔽商业动机的目的。但这种营销策划不可有愚弄消费者的意思,不能使消费者感到上当受骗,自己赚了钱而又得到了人心,才是成功的营销策划。

4) 以人们关注的事件为主题

单纯的商业活动很难引起人们的广泛关注,但如果能与产生重大社会影响的事件联系起来,有意识地利用某一事件开展商业活动,往往会产生极好的效果。如以奥运为题材来进行园林苗木营销策划。要想利用社会事件开展商业活动,就要保持对社会事件的敏感性;也可制造出某一事件,利用其达到商业的目的。

营销策划虽然十分重要,但也只能是企业营销战略的一部分,绝不能抛弃实质性的内容去追求轰动效应,策划要提高企业的知名度,更重要的是赢得社会美誉度。因此,提高产品质量,提供周到服务,降低成本给用户更大实惠,才是屡试不爽的成功经验。

园林苗木与其他工业产品有很大的不同,它是活的有生命的产品,同品种、同体量产品的质量与其生长状况、病虫害情况、花色、花形、植株的丰满程度等因素有关。另外,园林苗木的营销工作受季节的限制较大,应充分考虑气候和地域情况对它的影响。还有,园林苗木这种产品,目前的应用范围仍集中在城市公共园林绿地、企事业单位庭院和居民区等场合。园林苗木的营销是一项较新型的营销工作,没有成熟的经验可言。因而,园林苗木的营销,既要广泛借鉴一般商品的营销经验,又不能照抄照搬已有的模式,只有结合本行业的特点和企业自身的实际,才能创造出成功的园林苗木营销策略来。

本章小结

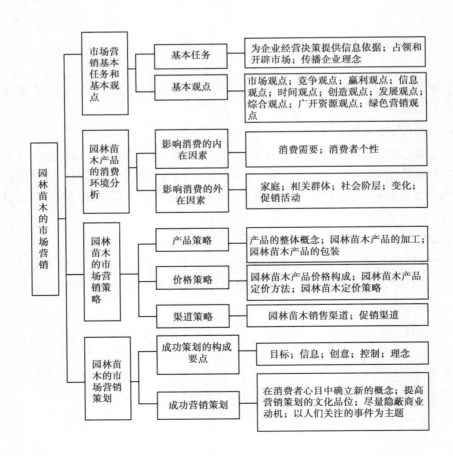

复习思考题

一、名词解释

1. 市场营销　2. 绿色营销　3. 苗木促销

二、单项选择题

1. 市场营销观念的中心是（　　　）。

A. 推销已经生产出来的产品　　　　B. 发现需要并设法满足他们

C. 制造质优价廉的产品　　　　　　D. 制造大量产品并推销出去

2. 分析影响消费者行为的内在因素的目的是（　　　）。

A. 降低调研成本

B. 了解消费者的经济承受能力

C. 区分不同阶层消费者，以满足他们不同的需要

D. 采取适当的营销策略技巧，以诱导消费者作出对企业有利的购买

3. 有形产品一般有 5 个标志是（　　　）。

A. 包装、品牌、品质、特征、形态　　　B. 包装、品牌、品质、特征、价格

C. 包装、价格、品质、特征、形态　　　D. 包装、品牌、价格、特征、形态

4. 以苗圃生产成本加上事先决定的利润作为价格的园林苗木产品定价方法是（　　　）。

A. 成本加成定价法　　B. 成本附加定价法　　C. 通行价格定价法　D. 直接定价法

5. 园林苗木促销策略主要有（　　　）方法。

A. 人员推销、广告宣传、订单销售　　　B. 订单销售、广告宣传、苗木展销

C. 人员推销、广告宣传、苗木展销　　　D. 人员推销、订单销售、苗木展销

6. （　　　）是成功策划的灵魂。

A. 目标　　　　　　　　B. 信息　　　　　　C. 创意　　　　　D. 控制

7. （　　　）是成功策划构思的依据。

A. 目标　　　　　　　　B. 信息　　　　　　C. 创意　　　　　D. 控制

12 园林育苗工的岗位职责与素质要求

12.1 园林育苗工的岗位职责

12.1.1 培育苗木

1）繁殖培育苗木

繁殖和推广优良树种,培育当地园林绿化需要的优质壮苗。培育苗木的一个重要内容是大苗的培育。大苗的市场一直在不断扩大,掌握大苗培育技能是苗圃创收的重要一环。

2）选择繁殖方法

在了解各种育苗方法,如播种繁殖、扦插繁殖、嫁接繁殖、压条繁殖、分株繁殖等的基本原理和技术后,结合本地区的苗木繁殖实践,从实际出发,针对各种树种及品种的特性探索最适宜的繁殖方法。这样,一方面可提高苗木的繁殖成活率;另一方面可降低育苗成本,提高苗圃的经济效益。

3）收集资料数据

在培育苗木的同时,需要收集各种资料和数据,积累大量的生产经验,为苗圃的可持续发展提供理论支持。

12.1.2 管理苗圃

1）土地管理

苗圃赖以生存发展的三大要素是土地、资金和技术。在土地资源十分宝贵的今天,对于苗圃有限的土地资源进行科学的规划和管理,以及合理地利用和分配,就成为管理苗圃的首要任务。育苗工可从本身的工作出发提出合理的利用策略和建议。

2）技术管理

主要是收集技术资料和进行技术创新。应加强技术资料管理工作,建立技术档案。及时做好苗木生长和田间管理的观测记载,积累资料,摸索规律。技术创新是苗圃发展的内在动力,育苗工应积极开展科学实验活动,结合本圃的育苗经验,探索高成活率和低成本的育苗技术。

3)生产资料管理

生产资料管理是苗圃生产计划能够顺利完成的保证,因此,需要根据每年的生产计划制订相应的生产资料计划,并进行适当的调查,以确保各个生产环节顺利进行。

4)劳动力的组织、分配

苗圃的生产具有很强的季节性,一般春季是最繁忙的时期,所以劳动力的分配和组织尤为重要。苗圃有一部分固定人员,还有一部分需要临时雇佣,应该根据实际生产工作的需要,做出劳动力的合理调配。

5)安全生产管理

育苗工应该了解安全生产的基础知识,熟悉相关的机械、器具、药剂等的使用方法,保证生产的安全进行。

12.2　园林育苗工的素质要求

12.2.1　思想素质

从业人员的职业道德是产品质量和服务水平的有效保证。育苗工作是协作性强的工作,要求育苗工具有较高的职业道德。要团结互助,爱岗敬业,齐心协力搞好本行业工作;维护和提高本行业的信誉,提高本企业、产品及服务在社会中的信誉度。要求育苗工具备团队精神,对本职工作尽职尽责,同时具有进一步学习和提高的能力。要注意节约水、电等各种生产资料,降低成本。在生产中做到规范操作,严格执行各项安全生产措施,保证苗木质量和按时出圃。

12.2.2　专业素质

国家建设部颁布的《城市园林工人技术等级标准》,对初、中、高级园林育苗工的专业素质要求都有明确的规定(见表12.1)。

表 12.1　育苗工技术等级标准

等　级	专业素质	
	基础理论知识	实际操作能力
初　级	(1)认识苗圃在城市园林绿化中的重要作用和意义； (2)识别本苗圃培养的常规苗木树种及一般工具和机具，了解其用途； (3)掌握育苗的主要生产工序、操作规程和技术规范； (4)了解育苗面积、苗木规格和生产量的估算方法； (5)掌握苗圃常见病虫害的防治方法，常用农药的安全使用与保管方法，常见肥料的保管和使用方法； (6)掌握常有树种的基本育苗方法	(1)在中、高级技工的指导下，能进行一般苗木的繁殖和培育管理工作； (2)掌握乔木、灌木的一般修剪、整形、移植、出圃等方法； (3)在中、高级技工的指导下，能进行常用农药的配制和使用； (4)能正确使用和维修苗圃的常用工具
中　级	(1)掌握植物形态解剖及一般分类的基础知识，熟悉本圃常育苗木的物候期和季节变化与苗木生长的关系； (2)理解一般苗木种子和种条的适时采收、加工、贮藏和一般苗木的基本繁殖方法及温室、薄膜覆盖育苗知识，掌握育苗的质量标准； (3)了解土壤种类和改良恢复地力的一般方法，掌握常用肥料的利用、调制、贮藏方法以及常用微量元素对苗木生长的作用； (4)熟悉本圃一般病虫害的发生发展规律和防治方法(包括生物防治)，懂得常用药剂的主要性能与常用机具、药械的简单原理； (5)能识别本地区的常育苗木	(1)熟练掌握各种苗木的繁殖技术和方法，能繁殖较珍贵的花木以及多种苗木的种子和种条的处理； (2)根据苗木的不同生长习性，掌握合理修剪、整形和施肥等工作； (3)能对本圃常见病虫害采取有效的防治措施，能排除常用机具的一般故障； (4)掌握苗木的栽培管理技术，并能按照科研计划进行育苗试验以及专类苗圃苗木的工料估算； (5)熟练掌握非季节性移植苗木的技术措施
高　级	(1)掌握本地区主要苗木的生理、生态习性和繁殖、管理的一般理论知识； (2)熟悉苗圃全年的工作月历，了解苗圃育苗的全部操作方法； (3)熟悉本地区主要病虫害的防治和化学药剂以及除莠的理论知识； (4)掌握无土育苗的方法与苗木遗传育种的一般知识，国内外育苗新技术以及先进的育苗水平； (5)具有一定的植物分类知识，熟悉当地常用园林植物科、属、种名及其特性； (6)了解植物配置的基本原则； (7)掌握建立中、小型苗圃的一般知识	(1)承担引种驯化和选育优良品种的试验操作； (2)全面指导育苗工作，并具有一门以上的育苗技术专长，能解决育苗中的关键技术问题； (3)掌握修剪、造型和繁殖名贵苗木的技能； (4)掌握辟建苗圃土地的合理使用和苗木生产工料的估算及进行施工； (5)收集整理和总结育苗技术资料

12.3　园林育苗工行业标准与规范

12.3.1　园林育苗工职业技能岗位标准

1）知识要求

了解育苗在园林绿化中的重要意义和工作内容；了解育苗的主要生产工序及操作规程和规范；熟悉常见的苗木树种，并区分形态特征；掌握常见树种的基本育苗方法；了解苗圃常见病虫害的防治方法和常见农药、肥料的安全使用与保管知识；按苗木株行距估算育苗面积和苗木产量。

2）操作要求

识别常见苗木 60 种以上（包括 20 种冬态）；掌握常见苗木的移植、假植、出圃技术及整地、开沟做畦、中耕除草等苗木抚育技术；在中、高级技工的指导下完成繁殖、修剪、病虫害防治和肥、水管理等工作。

12.3.2　园林育苗工职业技能岗位鉴定规范

园林育苗工职业技能岗位鉴定规范，如表 12.2 所示。

表 12.2　园林育苗工职业技能岗位鉴定规范

项　目		鉴定范围	鉴定内容	鉴定比重/%	备　注
知识要求（25%）	基本知识（25%）	苗圃知识（4%）	（1）苗圃的重要作用和意义； （2）苗圃的主要工作内容	2 2	了解 了解
		育苗技术操作要求（5%）	育苗操作规程和规范	5	掌握
		植物学知识（8%）	（1）植物的六大器官； （2）植物的生长特性； （3）植物与环境的关系	4 2 2	掌握 掌握 掌握
		土壤与病虫害知识（8%）	（1）土壤的基本性状； （2）当地常见的苗木病虫害	4 4	掌握 掌握

续表

项　目		鉴定范围	鉴定内容	鉴定比重/%	备　注
知识要求	专业知识（65%）	工具知识（5%）	苗圃常用工具的种类、使用及保养	5	掌握
		园林苗木知识（15%）	（1）乔、灌木的特征；	5	掌握
			（2）常绿、落叶树的特征；	5	掌握
			（3）针叶、阔叶树的特征	5	掌握
		苗木繁殖知识（20%）	（1）播种繁殖的特点、时期和方法；	8	掌握
			（2）扦插繁殖的特点、时期和方法；	8	掌握
			（3）嫁接繁殖的特点、时期和方法	4	了解
		苗木抚育知识（25%）	（1）苗木抚育管理的基本内容；	4	掌握
			（2）苗木的肥、水管理及肥料的保管与使用；	4	掌握
			（3）苗木的病虫害防治及农药的保管与使用；	4	掌握
			（4）苗木的移植调整和假植；	6	掌握
			（5）苗木出圃	7	掌握
	相关知识（10%）	苗木的不同应用类型（6%）	（1）行道树苗木的质量要求和规格；	2	掌握
			（2）绿地中乔木的质量要求和规格；	2	掌握
			（3）绿地中灌木的质量要求和规格	2	掌握
		草坪植物（4%）	（1）常见草坪植物的类型和种类；	2	了解
			（2）草坪植物的生产知识	2	了解
操作要求	操作技能（75%）	苗木识别（20%）	识别常见苗木树种 60 种以上（包括冬态 20 种）	20	掌握
		苗木繁殖（25%）	（1）整地、开沟、苗床制作；	15	掌握
			（2）撒播、条播、点播；	5	了解
			（3）硬枝扦插、软枝扦插	5	了解
		苗木抚育（30%）	（1）中耕除草；	5	掌握
			（2）灌溉、排水与施肥；	4	掌握
			（3）病虫害防治技术及常用农药的配置；	4	掌握
			（4）苗木的移植、假植；	5	掌握
			（5）苗木的修剪与定形；	2	了解
			（6）苗木出圃	10	掌握
	工具设备的使用和维护（10%）	常用工具、器具的使用和维护（10%）	（1）整地用工具的装配与矫正；	4	掌握
			（2）修剪用工具的磨刃与矫正；	4	掌握
			（3）一般育苗器具的使用与维护	2	了解
	安全及其他（15%）	安全生产（10%）	（1）安全生产的一般规程；	5	掌握
			（2）灾害性天气的苗木保护	5	掌握
		文明生产（5%）	（1）苗木抚育的文明生产；	2	掌握
			（2）苗木出圃的文明操作	3	掌握

参考文献

［1］张东林,等.园林苗圃育苗手册[M].北京:中国农业出版社,2003.

［2］杨玉贵,等.园林苗圃[M].北京:北京大学出版社,2007.

［3］俞禄生.园林苗圃[M].北京:中国农业出版社,2002.

［4］王庆菊,等.园林苗木繁育技术[M].北京:中国农业大学出版社,2007.

［5］苏金乐.园林苗圃学[M].北京:中国农业出版社,2003.

［6］陈世昌.植物组织培养[M].重庆:重庆大学出版社,2006.

［7］陈耀华,等.园林苗圃与花圃[M].北京:中国林业出版社,2006.

［8］俞玖.园林苗圃学[M].北京:中国林业出版社,2002.

［9］王先德.园林绿化技术读本[M].北京:化学工业出版社,2003.

［10］房伟民,等.园林绿化观赏苗木繁育与栽培[M].北京:金盾出版社,2003.

［11］宛成刚.花卉栽培学[M].上海:上海交通大学出版社,2002.

［12］蒋永明,等.园林绿化树种手册[M].上海:上海科学技术出版社,2002.

［13］吴亚芹.园林植物栽培养护[M].北京:化学工业出版社,2005.

［14］童德中,等.果树育苗[M].山西:山西省人民出版社,1983.

［15］浙江省台州农业学校[M].果树栽培学总论(南方本).北京:农业出版社,1981.

［16］李继华,等.嫁接的原理与应用[M].上海:上海科学技术出版社,1980.

［17］赵宗方,等.果树生产问答[M].上海:上海科学技术出版社,1988.

［18］宋清洲,等.园林大苗培育教材[M].北京:金盾出版社,2005.

［19］魏岩.园林植物栽培与养护[M].北京:中国科学技术出版社,2003.

［20］苏付保.园林苗木生产技术[M].北京:中国林业出版社,2004.

［21］赵忠.现代林业育苗技术[M].陕西:西北农林科技大学出版社,2003.

［22］任步钧.园林致富必读[M].哈尔滨:哈尔滨地图出版社,2007.

［23］宛成刚.花卉栽培学[M].上海:上海交通大学出版社,2002.

［24］吴泽民,等.园林树木栽培学[M].北京:中国农业出版社,2003.

［25］张延华.园林育苗工培训教材[M].北京:金盾出版社,2008.

［26］刘佳文,乌万普.容器育苗——现代苗圃育苗趋势[J].内蒙古林业,2002(12).

［27］何百林.容器苗木成市场新宠[J].农村实用科技信息,2008(01).

［28］刘玉生.王江.园林苗圃生产现状及发展趋势[J].黑龙江科技信息,2008(17).

［29］韩玉林.现代化园林苗圃建设需重视解决的几个问题[J].安徽农学通报,2008(17).

［30］魏岩,石进朝.园林苗木生产与经营［M］.北京:科学出版社,2012.

［31］黄云玲.园林苗木生产技术［M］.厦门:厦门大学出版社,2012.

［32］也要妹.160 种园林绿化苗木繁殖技术［M］:北京:化学工业出版社,2011.

［33］任叔辉.园林苗圃育苗技术［M］.北京:机械工业出版社,2011.

［34］张东林.高级园林绿化与育苗工培训考试教育［M］.北京:中国林业出版社,2006.

［35］张庭华,刘青林.园林育苗工培训教材［M］.北京:金盾出版社,2008.

［36］尤伟忠.园林苗木生产技术［M］.苏州:苏州大学出版社,2009.